工廠叢書 ⑫

如何管理倉庫（增訂 11 版）

黃憲仁　編著

憲業企管顧問有限公司　　發行

如何管理倉庫（增訂第 11 版）

序　言

　　時光飛逝，作者在大學授課，也在憲業企管顧問公司開班講授倉庫管理課程已有數年之久。在市場競爭激烈之下，倉庫管理是供應鏈管理中的重要環節，倉庫管理不僅僅是看守工作那麼簡單，如何高效理順採購、運輸、搬運、配送、卸貨、客戶企業檢驗、倉庫、生產、半成品存儲、成品加工或裝配、成品倉庫、配送給客戶出貨，這一系列工作，如何才能開展，這是企業都高度關注的問題。

　　庫存品資產在各企業的總資產額中所佔的比率極為可觀，進行恰當的庫存管理，不僅左右企業盛衰的重大關鍵，更影響企業財力週轉的速度，對企業經營利益，有很大的影響。

　　本書適合各企業的製造業、買賣業參考引用，上市以來，承蒙海內外眾多企業採用為員工培訓教材，再版多次，此書可說是工廠管理界的暢銷書、常銷書，本書教材原是我擔任工廠顧問有關倉儲管理之實務輔導資料，加以整理去蕪存菁，並以深入淺出方式說明以利參考，作為企管公司開班授課「倉庫管理培訓班」的教材，書中內容，介紹管理倉庫的 13 個重要步驟，內容俱為實務運作資料，期望能獲得製造業、買賣業之重視與實施，促使增強競爭力。

本書是工廠管理的「倉儲管理培訓班」上課資料，開課十多年，培訓班學員遍及各行業，讀者若想要更詳細的解說，歡迎親自報名參加憲業企管顧問公司的「倉庫管理培訓班」，授課傳授精彩絕技。

此書承蒙許多大學採用為授課教材，作者在學期授課之初，就先對修課之學生，要求對某行業某公司的倉儲管理方式，加以敘述分析或檢討，作為本課程的學習報告，并給予成績。

本書分為二輯，此書《如何管理倉庫》是第一輯，爾後尚有一本《倉儲管理實務》仍撰寫中，未來將是第二輯，二書都是作者多年來的工廠輔導心得，介紹倉儲管理的實務工作。作者一生的心血努力，只為留下精彩內容，希望你會喜歡！

本書出版，獲得東華大學企管系黃志威的協助資料整理。上市以來，由於講求實務、管理技巧可迅速套用，內容精彩，銷售成功，再版多刷，企業界大量購買，但我們不自滿，此次增訂第 11 版，增加內文，重新修訂內容，發表更多的顧問師輔導企業的成功案例，讓讀者對倉儲管理能立即上手，創造管理效益，相信你會更喜愛！

2023 年 6 月　黃憲仁　在臺灣 日月潭

如何管理倉庫（增訂 11 版）

目　錄

步驟三　要妥善規劃倉庫空間 / 66

　　良好的倉儲設計可以使企業獲得更重大的利益，以提高獲利能力。合理設計規劃倉庫區域，選擇適當的儲存設備，遵循物品擺放的原則，才能將倉儲空間作最好的有效利用。

步驟四　商品搬運方法要管制 / 93

　　把物品由某個位置轉移到另一個位置的過程就是搬運，對於搬運過程要強調一些原則和方法。規範人員的搬運行為，實現標準化作業，使其適合於所有人員在公司內部進行的搬運作業。

步驟五　倉庫人員的工作職責 / 118

　　倉儲單位的組織編制，要依照企業規模、企業性質、生產方式、管理水準等而定。相關人員的工作職責，都必須有所書面嚴格規定。

步驟六　商品保存要盡到責任 / 163

　　品質控制的重點不僅在工廠現場，也不能忽略在庫品的產品品質。制定規範的倉庫管理制度、運用先進的儲存搬運設備、加強倉庫管理人員的責任意識等，都是為了共同目的：保證在庫品的品質。

步驟七　要設法降低庫存量壓力 / 203

　　庫存量不是越多越好，也不是越少越好。過多則使資金固定化了，難以週轉，增加資金負擔；過少則會因備料不足，影響生產。為了順利地進行企業經營中各項活動，應當維持適當的庫存，盡可能以較少的庫存量、最小的費用獲得最大收益。

步驟八　進入倉庫要管制 / 223

　　入庫，是倉儲活動的起點，入庫前的準備、入庫物料接運與交接、驗收、入庫等一系列過程就是倉庫管理流程。只有嚴格遵

循倉庫管理流程，包裝完整無損，手續完備清楚，入庫迅速，才能保證入庫物料數量準確，品質符合要求。

步驟九　留心物品的放行 / 261

物品出庫是物品儲存階段的終止，也是倉庫作業的最後一個環節。要嚴格遵守物品出庫的流程和單據管理規定，做好出庫工作，對改善倉庫經營管理，降低作業成本，提高服務品質具有重要作用。

步驟十　退貨要放入倉庫 / 301

退貨，狹義地講，是指倉庫已辦理出庫手續並已發貨出庫的物品，因為某原因又被退回到倉庫的一項業務，既包括「實際退貨」的概念，也包括「換貨」的概念。處理退貨，會消耗倉管員大量的精力，因此應該對退貨流程要進行管理。

步驟十一　久滯庫存品要處理 / 310

呆料是週轉率極低，呆滯在倉庫。呆料因使用率及週轉率極低，未知何時才能收回其價值；而廢料則是已完全無法使用的。對於這樣的長久滯留在倉庫裏的呆料、廢料，要及時處理，以盡量減少物品損耗。

步驟十二　不要忘記去盤點倉庫 / 328

　　盤點工作是定期或臨時對庫存商品的實際數量進行清查、清點的一項作業，是為了掌握貨物的流動情況（入庫、在庫、出庫的流動狀況），對倉儲貨品的收發結存等活動進行有效控制，從而保證倉儲貨品完好無損、帳物相符，能確保生產正常進行。

步驟十三　要檢討庫存管理績效 / 345

　　供應鏈回應時間、訂貨滿足情況（包括訂貨滿足率和訂貨的提前期）、交貨情況、庫存週轉期和資產週轉率、物流管理總成本等，這些都屬於庫存管理績效考核的指標，要定期對這些指標進行檢驗。

　　倉庫管理制度是對倉庫各方面的流程操作、作業要求、注意細節、6S管理、獎懲規定、其他管理要求等進行明確的規定，工作的方向和目標，工作的方法和措施。

步　驟　一

先要掌握庫存狀況

1 倉庫管理的現狀

　　倉庫管理是企業管理中不可缺少的一部份，但許多企業的倉庫管理卻不樂觀，可以用「混亂」兩個字來形容：倉庫裏面庫位（儲位）沒有規劃，不同的牌號、批號交叉放置，貨物牌號起碼有幾百、幾千個甚至貨道就堆入五六個不同的牌號，電腦根本沒有控制管理好庫位，貨物放置混亂。

　　⑴急用的物料經常找不到或要花很長時間才能找到。經常會為找一個「牌號」而花半個小時或者更長的時間，甚至要發動所有人員去找，消耗資源效率低。

　　⑵找到的物料經常與需要的物料不相符（數量、規格）。

　　⑶好不容易找到要出成品的牌號，叫堆高車手去裝貨只能指著一個成品倉說「在那邊，在那邊……」而不能詳細地告知「在 M01 有幾噸要裝貨幾噸」庫位上。

⑷經常會有裝貨司機抱怨倉管找貨太慢，有時會找不到對應的牌號，還自賣自誇般地說他們公司倉庫都是自己取貨最多在一分鐘就可以在庫位上拉貨了。

⑸進了倉庫找貨時好像進了迷宮一樣，特別是找半板尾數時只能在大半板區域按順序找下來。

⑹倉庫的場地經常不夠用。

⑺經常出現生產急需的物料倉庫沒有，生產不急需的物料倉庫到處都是。

⑻每月都在盤點，且每次發現盤點的數量經常與之前的數量不一致。

……

當出現上述各種消極的現象時，就要敏銳地感覺到問題的存在和問題的嚴重性，並要利用相關知識、經驗為解決問題找方法。

圖 1-1-1　倉庫區位規劃要素圖

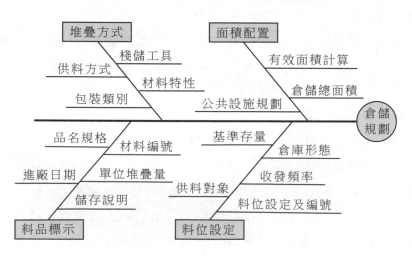

有人認為倉庫貨物「亂」，出現賬目不清，應歸咎於倉庫在建設

中沒有大面積庫區放貨或者品名批號多。其實問題的關鍵並不在於此。要想使倉庫達到高效、準確地運行，關鍵是要對倉庫進行規劃管理與務實執行，只有這樣才能使倉庫發揮最大效能。

2 做好料賬管理

做好料賬管理，能夠比較全面準確地反映企業倉庫存貨及存貨管理狀況，能夠使企業料賬處於井然有序的狀態，保證企業順利實施生產。

對於一個企業來說，尤其是製造型企業，料賬管理十分重要。然而，很多企業往往忽視了物料工作，對倉庫中究竟有多少物料，都有什麼物料缺乏瞭解，物料極為混亂，以致影響了正常的生產。

公司沒有重視起料賬管理，長期累積下來，出現多問題，一旦料賬不准，就會對生產與現場生產工作帶來致命傷害，因此企業管理者必須審慎地制定倉儲物料管理辦法，做好料賬管理工作。

企業料賬管理的目的是為了掌握最真實的庫存數據，嚴格控制物料的入、出庫，掌握物料庫存情況。這樣就既能保證採購物料的品質合格，又能防止由於超量領料、物料保管不當等原因而造成的物料損耗或遺失。

要做好倉儲料賬管理，還需要企業管理者從源頭開始抓起，也就是要做好物料從入庫到出庫各環節的管理。

料賬管理，是非常平凡不起眼的煩瑣工作，很可能誰都會做，但大家都不重視，因而經常沒做好；現在，有些公司希望運用電腦

化的庫存管理系統來達到一勞永逸，但事實上卻未能如願。料賬管理非常必要，其原因有：

1.料賬是採購作業的關鍵依據

如果倉庫裏還有很多庫存，採購人員是絕對不會再多買的。因此，一般工廠在采購之前，一定會查詢倉庫存量。即使運用 MRP 系統的「淨需求分析」方式，除「現有庫存量」之外，仍要覆查「已訂未交量」與「制令應領量」。

一般來說，查詢庫存量，是指查看電腦(或倉庫人工)所提供的「庫存量狀況表」，或向料賬管理員口頭查詢。當然料賬人員是依據賬面提供信息的，很少有人直接到倉庫儲位上去查看。

2.料賬是生產備料作業的關鍵因素

我們可以這樣來想一想，如果生產部做好了「生產排程」，開立「製造命令單」，要生產現場第二天就投入生產，而生產現場來倉庫領料時，卻發現所需要的物料，有一半「完全缺料」，那生產能進行嗎？如果各種物料並不完全缺料，只是若干品種的現有存量比生產批量所需少，那麼，即使勉強投入生產，也只能是「斷斷續續」，那來生產力？

當然，生產部在排進度表時一定會查核該生產所有用料的存量狀況，或在開立「製造命令單」時會查核存料投產的可能性。但是，他們所能查詢的，也只不過是料賬的賬面存量，不會親自到倉庫裏來查看。

3.料賬是財務與成本信息的基本來源

倉庫的物料，在會計學上列為「資產」，是要明確記在「資產負債表」上的。物料也是成本的關鍵項目，必須明確記錄在「損益表」上，而損益表又密切關係著盈餘分配，在有些公司甚至關係到生產

獎金、年終獎金。

　　在會計學上，庫存是採取「永續盤存」觀念的，必須使前後期「盤存」與合理的「進出料」異動能互相對應。公司產品銷售價的決定，也需以庫存物料的單價變動作決策依據。

　　以上這些信息，都是從基本的料賬系統轉換而來的。

3 掌握庫存量總賬的記賬要點

　　賬目是物料管理的基礎，它記錄著倉儲物料的靜態狀況和動態過程。如果倉庫缺少了賬目或賬目出現錯誤與不完整，將對決策造成不良影響，將使物料管理工作無法正常進行。因此，為了做好賬目管理，必須注意下列幾點：

　　(1)指定專人負責記賬。

　　(2)實行記賬人與發料人分設，管物的不記賬、管賬的不管物，以堵塞漏洞。

　　(3)定期檢查，對賬物進行核對，出現問題及時糾正並處理。

　　(4)落實賬目管理責任制，對於出現的問題要追究責任。

　　(5)建立倉儲日報制度，每日上報倉儲情況。

　　(6)建立監督機制，使用權力牽制。

　　(7)完善表單硬體，以方便工作的開展。

　　(8)完善倉庫的其他相關配套管理，理順賬目管理的外部環境。

　　(9)完善盤點制度。

要點一：必須製作庫存總賬來進行管理

一定要製作記錄入庫量、出庫量，並求得庫存結餘的庫存總賬。手工計算時，比起普通的賬簿，庫存履歷卡的庫存卡片更實用。這種履歷卡只是作數量的記賬，為了會計和成本計算而想作金額計算時，使用記錄了單價、金額的總賬。使用預訂單價和最終進貨成本法時，日常使用這種卡片是可以的。

庫存總賬的記賬是應該在出入庫的當天就完成。即使物料變動當天不能記賬，第二天早上也要完成記賬。每天上午 10 點打開總賬的話，就要做到能正確地把握前日的剩餘。月末可以從這個總賬計算餘額，計算成為預算單價的，與最終進貨單價有關的月末存貨資產金額。這種用賬簿進行存貨資產計算的方式，失誤往往很少。

有很多公司說數字不相符，在倉庫記貨物標籤這樣的庫存賬，在辦公室記正式的庫存賬，用二倍或者三倍的工夫管理庫存。另外，有的公司即使導入了電腦，也不信賴電腦中的庫存，總是保留手工賬簿。

總賬一本就行了。開始使用電腦進行庫存管理，如果斷定流程沒有差錯，就要取代手工的總賬。即使作幾重的管理，不相符的地方還是不相符。如果能徹底地追查實物和總賬（電腦）之間的差異的原因，並解決問題的話就好。如果有很多賬面，檢查這種賬面之間的不同反而會更麻煩。

要點二：訂貨總賬的製作

訂貨總賬可以用訂貨管理卡片。將它與庫存卡片組成一套，放入相同的袋子裏，這樣不僅能掌握現有庫存剩餘，也能同時掌握計劃收到量，很方便。

如果訂貨的訂貨期很短，用電話訂貨的話，1～2 天就能。進貨

的公司沒有訂貨管理卡片也沒關係。

　　要點三：庫存管理卡片的製作

　　作為為實行準確度高的庫存管理方式而作的準備，月終時應在庫存管理卡片中保留發貨記錄。

4 物料儲存要有物料賬卡

　　倉庫物料建賬應做到賬物一致、卡證對應。倉庫管理中通常所稱的「賬、物、卡、證」指的是：

　　賬：倉庫物料檔案。

　　物：倉庫儲存物料。

　　卡：明確標示於物料所在位置而便於存取的牌卡。

　　證：出入庫的原始憑據、品質合格記錄等。

一、物料賬的架構

　　物料賬卡的基本架構，其實很簡單。它主要包括了三個部份，其一是「管制核心」，就是「庫存管制卡」，或者「庫存管制簿」；其二是「異動登錄」，也就是入庫、出庫作業，使物料存量增或減的記賬作業，當然包括了庫存調整；其三是「庫存資訊提供」，包括「庫存量查詢」在內，提供一切有關管理需求的帳面報表，當然也包括電腦輸出報表在內。

1.庫存管制卡與庫存管制簿

為了強化物料賬卡管制功能,一般工廠基本上從兩方面採取措施。

在儲位料架上懸掛「庫存管制卡」,一物一卡。在倉庫料賬管理員辦公桌上設置「庫存管制簿」,每頁(用量多,尤其是通用品時,多頁連接)一個物料,依編號順序(有時一個類別一本賬),聯結活頁成一本(或同一類)管制賬簿。

2.異動登錄

物料庫存是為了供生產或銷售所需,因此,一定會有出庫的異動,而物料也必然有異動,凡是入庫或者出庫,一定造成庫存量的變動,這些異動,一定要記賬處理。

有些出庫並沒有具體的使用目的,而是管理過程中的「附生結果」,例如報廢、退貨給供料廠商等。不過,因為它也影響存量,一定要記賬。同樣,有些入庫異動的來源,例如現場把已發料的不良物料退回倉庫,也要入賬。

3.庫存資訊報表提供

如前所述,很多部門的管理工作,要依據庫存料賬的信息作判斷,或者再處理變成另一個更高級的管理信息;這些信息,都不會是其他部門的人親自到倉庫現場來看「庫存管制卡」,而是由倉庫料賬人員,透過一定的程序和方法,運用手工或電腦作業,編成報表提供的。當然,引入電腦管理的企業,其他部門人員可以透過電腦程式,自己直接取用電腦中的庫存資料。

二、物料賬卡的管理要求

物料卡上應記明：物料編號、物料名稱、物料的儲存位置或編號、物料的等級或分類（如主生產材料或 A、B、C 分類）、物料的安全存量與最高存量、物料的訂購點和訂購量、物料的訂購前置時間（購備時間）、物料的出入庫及結存記錄（即賬目反映）。

物料卡管理應有的作用：

(1)起著賬目與物料的橋樑作用。

(2)方便物料信息的回饋。

(3)料上有賬、賬上有料，非常直觀、一目了然。

(4)方便物料的收發工作。

(5)方便賬目的查詢工作。

(6)方便平時週、月、季、年度的盤點工作。

物料卡一般由倉庫保管人員使用管理，它是倉庫保管人員根據物料入庫單、出庫單，用格式統一的卡片填制的。

物料卡使用管理的方式有：

1.分散式，即把物料卡片分散懸掛在貨垛或貨架靠幹道、支道一側明顯的位置上。在物料進出庫時，隨時登記物料進出倉數量和結存數量，用後掛回原處。

2.集中式，將物料卡片按順序編好號，放在卡片箱裏，物料出庫時抽出來填寫，用後放回原處。另外在貨垛上還需掛一張寫有物料名稱和編號的標誌卡。

其具體注意事項：

①一般保管和使用卡片時要注意一垛配一卡，一種品種、規格

的物料配一卡。

②一批物料不在一處存放時不能同卡記錄，以防止出差錯。

③如需對物料移庫或移位，卡片也應隨物料移動，並作出相應更改。

④一張卡片記完可轉錄下一張，並將用完的卡片收存好，以備查考。這樣，既能保持卡片的連續性，又能清楚地瞭解這種物料從入庫到出庫的變化情況。

三、物料台賬

物料台賬是記錄每天發生的物料進出、物料收發、物料退貨、物料報廢等各種物料變化情況的最原始、最全面的統計資料。物料台賬詳細地記錄了每一天、每一個部門，甚至每個人的物料領用和使用情況。

1.物料台賬的內容

物料台賬根據其功能、作用、部門的不同可分為幾類，例如，倉庫物料台賬、產品物料台賬、工廠物料台賬、個人物料台賬等。

雖然物料台賬的種類不一樣，但一般都須包括以下內容：

(1)明確物料耗用的項目，例如產品、訂單、工廠。

(2)明確物料的類別，如原材料、輔助材料、包裝材料、低值易耗品。

(3)明確耗用標的，如規格、型號、數量、單位、物料品質級別。

2.產品類材料統計台賬

產品類材料統計台賬是以產品為類別，對其生產過程中所耗用的全部材料進行統計的一種台賬，它的主要用途是可以清楚掌握某

種產品的材料成本。

3.訂單類材料統計台賬

訂單類材料統計台賬是以訂單為主線,對該訂單所有產品的全部材料耗用進行統計。它的主要用途是可以掌握某一訂單的材料耗用,進而計算該訂單的材料成本。

4.工廠類材料統計台賬

工廠類材料統計台賬是為了統計各工廠的材料耗用情況,其結果對於工廠的材料核算、各工廠的業績比較、同一工廠不同時期的材料利用率等,具有比較重要的意義。

5.倉庫類台賬

倉庫類台賬是倉庫物料進出的記錄。倉庫類台賬的形式比較多,因企業的管理特點和物料特點的不同而不同。

⑴收貨台賬。收貨台賬是物料人倉時,倉庫保管人員作收貨記錄的一種賬目。它詳細列明進倉物料的基本情況:採購者、檢驗者、收貨者等。有特殊情況的,例如屬讓步收貨、超量採購等,還應在備註欄裏註明。

⑵進銷存賬。進銷存賬是一種比較傳統的倉庫賬目,它既有台賬的作用,也可作為一種總賬,可全面地反映每一天倉庫的物料往來情況。但它又無法完全取代其他的賬目,因為進銷存賬所反映的只是「進」、「出」、「結存」的狀況,其他細節都忽略不計。

⑶發貨台賬。發貨台賬是詳細記錄發貨情況的賬目。發貨應由專人負責,憑領料單發料,並分類進行登記。通過發料台賬可以全面瞭解物料發放情況,也可以起到與其他賬目核對的作用。

⑷明細賬。為了便於對入庫物料的管理,正確地反映物料的入庫、出庫及結存情況,並為對賬、盤點等作業提供依據,倉庫管理

人員要建立實物明細賬,以記錄庫存物料動態。

　　實物明細賬可分為無追溯性要求的普通實物明細賬和可追溯性要求的庫存明細賬兩種。倉庫管理人員要根據對物料的具體保管要求,選擇適當的賬冊,對物料庫存情況進行記錄。

　　①普通實物明細賬。對只需反映庫存動態的物料,如進入流通的物料或企業內的工具、備品備件等,均可採用普通實物明細賬記賬。它所包括的內容,如表 1-4-1 所示:

　　②庫存明細賬。對有區分批次和有追溯性要求的物料,如企業生產所需的零件、原材料等,可採用有可追溯性的庫存明細賬記賬。它所包括的內容,如表 1-4-2 所示:

表 1-4-1　普通實物明細賬

存貨名稱:　　　　　　　存貨編號:　　　　　　　計量單位:

最高存量:　　　　　　　最低存量:　　　　　　　存放地點:

年		憑證		摘要	收入	發出	結存
月	日	種類	號碼				

表 1-4-2　庫存明細賬

存貨名稱：　　存貨編號：　　規格：　　計量單位：　　庫區：

年		憑證		摘要	收入		發出		結存		其中(A)			其中(B)			其中(C)		
月	日	種類	號碼		批號	數量	批號	數量	批號	數量	批號	數量	庫存	批號	數量	庫存	批號	數量	庫存

(5)個人台賬。有些企業為了方便對領料者的管理，也採用一種個人台賬，所謂個人台賬是對經常領料的人員或管理人員設立單獨的領料記錄賬簿，進行專門的管理。

例如，工廠的模具師傅，會因為工作的需要經常領用一些供自己使用的材料和工具。這些既不屬於訂單材料，也不宜歸到工廠物料中去。因為材料的特殊性，叫其他人代領又很不方便，多由個人親自領料。因此，建立個人台賬對於這部份物料的領用控制很有必要。

5 料賬不準的原因分析與解決對策

料賬管理的好壞關係到 MRP 運作、採購決策以及生產排程需料供需順暢與否，所以，必須把它做到完全準確。

一、料賬不準的原因

要解決料賬不準的問題，必須探究料賬不準的原因，一般而言，料賬不準的原因大致有以下 6 個方面：

(1)傳票表單設計與流程上的缺失

有不少企業由於要節省間接事務人力工時，因而因陋就簡，有時沒有應用必要的表單，有時混用合併表單，致使料賬人員記賬時沒有正確的依據。而且很多表單沒有經過嚴密的思考設計，許多必要的欄位沒有，因而現場人員「亂填」，料賬人員只好憑猜測亂記賬，還有不少是流程上模糊、不明確，使不同部門之間的料賬互相矛盾。

(2)沒有良好的填用傳票表單的習慣

在規範的憑證作業中，關鍵欄位(例如數量、料號、生產批號等)是不可以填錯的。如果填錯，則一定要原單作廢再重新開立。即使為了偷懶而在原單上更改，也一定要蓋上更改者的印章，並簽上時間，以利追蹤與負責，並借此避免不必要的記賬錯誤。

但是，在不少企業裏，很多人根本沒有樹立這種正確觀念，而是隨心所欲地更改一通，甚至是在記賬以後還更改。另外，填用表

單與記賬時，必須覆查憑證是否連號，否則即使只是遺漏少數單據，也會造成實料與賬面上有差異。

⑶沒有持續庫存記賬的後果

因為不能記錄庫存賬本，所以看不到實際庫存情況，就不清楚有沒有獲得利潤。

沒有持續進行庫存記賬就不能判斷進貨、銷售是否正確。架空購入或是銷售計算上的遺漏都是造成實際庫存量比賬簿上餘數少的原因。

⑷記賬作業延遲、錯亂

料賬應該是「今日事今日畢」，甚至要達到「即時作業」(On-Line)的程度。因為入庫與出庫的同時，已「立即」使實料產生了變化，而賬面沒有立即跟進，則一定會產生誤差。從實務方面來說，在料架儲位上的「庫存管制卡」，必須在物料入庫、出庫上下架的同時記賬，而料賬管理員則允許把所有人出庫表單暫留到當日下班前一併記賬作業。

但是，不少倉管員偷懶敷衍，並不「即時」處理，往往拖延到次日或數日，結果越積越多，越多越亂。而記賬時又疏忽大意，沒有確認表單內各欄位的合理性與正確性，表單有沒有連號也不覆查（不連號意味著表單有遺漏），這樣作業很難確保料賬準確。

⑸儲位與料號上的缺失

如果儲位亂了，在儲位上標示（或庫存管制卡上標明）的物料與實際料號規格不符合，就會造成料賬上的雙向大錯誤。如領出（購入）A 料，卻把賬記到 B 料上。尤其是一些經驗不豐富的倉管員，對規格認識不清，因此常在忙中「亂點鴛鴦譜」。另外，料號的編法太複雜，或太易弄錯，倉庫資歷淺的人員無法很快掌握，當然也會產

生這種過失錯誤。

⑹包裝容器上的問題

在許多工廠裏，供料廠商送料時，為了節省成本，大多使用乍標準容器，甚至是其他用途「轉用」的瓦楞紙箱，只在箱上註明數量。

這種方式，使得進料點收與驗收的員不容易準確掌握數量。當然，領料出庫時，也會一樣。如果平時倉管人員不夠細心，加上倉儲整頓在平時沒做好，料賬準確就很難做到。

⑺倉庫與現場沒有隔離

若要倉庫料賬人員把賬管好，就一定要給他可以掌控的工具，即確保倉庫獨立。如果倉庫可以任由生產現場（或其他部門）的人員自由進出，甚至入庫、出庫物料不必依據憑證表單，自己搬取，藉口現場急需而到倉庫搶料，也就不可能要求倉管員有正確的意識與負明確的責任。尤其主倉庫，應盡可能乎時上鎖，明確規定僅料賬專人才可進出。

二、使料賬準確的對策

要使料賬保持準確須堅持以下幾點：

⑴嚴密的入出庫憑證

首先，應該設計出適用而內容週全的入出庫憑證表單，交給倉庫及現場人員正確使用。

其次，要好好培養現場人員正確填單的觀念與習慣，不允許事後補單以及亂填亂改。

倉管員也要嚴格控制，沒有憑證表單的入出庫，一律不予通融；

接到憑證，也要細心查閱內容的合理性與正確性，包括各欄位應填寫的部份，以及連號狀況。發現異狀，立即要求說明及改正。

(2)即時或當日的記賬作業，絕不拖延

即必須在入出庫的同時立即記賬的，料賬應該是「今日事今日畢」，電腦化作業則最好也是即時記賬。

同時，倉庫料賬人員最好在每日記賬後，對本日異動的料項，再到儲位料架上確認其異動明細及庫存量。

(3)運用標準容器，以利於入出庫數量的準確複點

對關鍵性的料項，最好使用標準容器，使每箱內數量一致，從而很便捷地由箱數就掌握真正的總數量。對於其他非關鍵的物料，應要求在入庫時與發料後強化複點工作，以期能更正確地掌握庫存量。

(4)強化倉庫的儲位整頓

每月定時輪流整頓各儲位，同時覆查其料賬，即時予以調整。如果進出庫頻繁，且又屬多批小量生產形態，則必須每週對本週內經常入出庫的料項強化其整頓工作。

(5)運用常時盤點補足

為達到真正的料賬覆查調整的目的，倉管人員可每日抽出 1 小時左右(大多在下班前後)，針對本日入出庫量明顯較大的物料，在儲位上進行簡單的目視盤點。

6 如何實現物料零短缺

1. 物料零短缺是物料控制的理想狀態

物料零短缺並不是以大量儲備物料作為手段的，雖然必要的儲備量原則上是允許的，但是，所有的儲備都會不同程度地增加庫存成本。所以，如果想以物料儲備來換取物料零短缺的話，那肯定是在做沒有意義的事情。

圖 1-6-1　物料零短缺的理想狀態

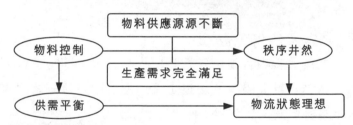

而實現物料零短缺的唯一手段應該是物料控制，通過控制實現管道暢通、制度完善，進而消除各種不合理的因素和異常情況出現的機會，達到供需平衡。

2. 實現物料零短缺的方法

要實現物料零短缺並沒有什麼固定的方法，但如果要尋求一個基本方法的話，那可以簡單地說就是「因地制宜、靈活應對」。

⑴因地制宜就是根據不同的物料控制對象制定具體措施，內容包括：

①物料控制的難度，如地域、供求狀況、需求程度等；

②供應商的配合性；

③品質與價格策略；

④限制條件，如庫存量、運輸工具等的能力限制。

圖 1-6-2　實現物料零短缺的工作步驟

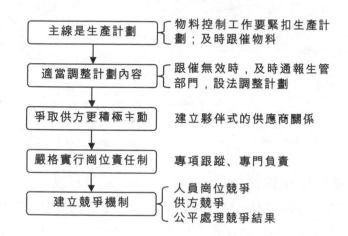

主線是生產計劃 ｛ 物料控制工作要緊扣生產計
劃；及時跟催物料

適當調整計劃內容 ｛ 跟催無效時，及時通報生管
部門，設法調整計劃

爭取供方更積極主動　建立夥伴式的供應商關係

嚴格實行崗位責任制　專項跟蹤、專門負責

建立競爭機制 ｛ 人員崗位競爭
供方競爭
公平處理競爭結果

⑵靈活應對就是根據對物料的實際控制能力，適當調整具體的
生產計劃，內容包括：

①對跟催無望的物料所關聯的生產計劃要適當調整；

②對難以跟催的物料所關聯的生產計劃要制定的寬鬆一點；

③掌握動態，及時反饋，迅速反應；

④掌握最優化的工作步驟。

通過總結上面的方法，可以得出的結論是：保證物料零短缺要
雙管齊下。這雙管的內容就是：保障供應，調節需求。

另外，還需要注意的是物料的供給狀況是保持動態的，某一時
段的零短缺並不能保證已經沒有問題，而只能說問題被暫時解決或
隱蔽，隨著時間的推移，新的問題會不斷產生。因此，物料控制人

員需要注意觀察發現的新情況、新問題，及早採取措施，以免造成後果。

圖 1-6-3 　保證物料零短缺的手法

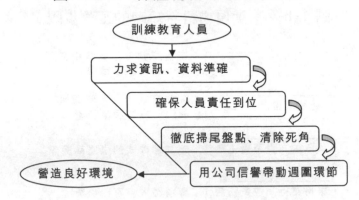

3.實現物料零短缺的保證

要保證實現物料零短缺首先需要營造高度協調的工作環境，這個任務的直接責任者是物管部課長及其以上的管理者。內容包括：

⑴培訓人員素質，樹立全面的責任感和信譽感；

⑵對違反培訓精神的人和事堅決實施處理；

⑶大力扶持合作意識強和信念相近的供應商；

⑷逐步淘汰合作差的供應商；

⑸多到現場走動，瞭解管理實情；

⑹督促下屬的工作，消除責任心差的現象；

⑺用自己的管理風格帶動全體工作。

4.物料告急指示燈

⑴一旦生產線發生物料告急時，將通過指示燈的形式提前通知關聯部門，包括物管部、市場部、工程部、生產管理辦公室等。

⑵物料告急指示燈有幾種不同的指示方式，通常黃顏色燈亮並

伴有音樂提示時表示生產線的材料供應開始緊張,如果不及時採取措施的話可能會在 1 個小時內發生斷料。而紅燈亮時表示斷料已經發生,生產線被迫停開。

(3)物料告急指示燈告訴人們的是一種需要處理的等待狀態,如果得不到有效處理,燈就一直亮著。而如果亮著的是紅燈的話,那麼,就意味著生產斷料事故的發生和持續。

表 1-6-1　物管部物料告急/短缺分析表

責任部門:物管部　　　　　　　日期:　　　　　　　　擔當:

次數	黃燈時間	紅燈時間	發生位置	物料類別	發生日期	採取措施	確認
TOTAL			總告急次數:		總斷料次數:		檢討
區分	合計次數	黃燈次數	比例%	紅燈次數	比例%	備註	
採購							
物料控制							批准
倉庫							
特別事項記錄:							

　　註:時間單位是分鐘

(4)一般情況下,物料告急指示燈並不是獨立使用的。而是與其他生產關聯因素協同使用,包括工程因素、設備因素、人員因素、品質因素等。一旦發現有異常情況燈亮時,相關人員要迅速詢問原因,對症處理。方法是:

①針對亮燈指示情況立刻用電話聯繫；

②必要時派人或管理者親自到現場查看；

③積極採取措施，盡可能縮短亮燈的時間；

④採取預防措施，防止亮燈。

亮燈方法可以作為考核部門工作績效的指標之一，如果把全年度的亮燈時間統計起來分析時，各部門的缺點就顯而易見了。當看到這樣的「成績」時，作為部門的管理者，還能說些什麼呢？

7 確定應維持多少庫存

1. 首先要區分常備庫存品和特別訂購品

考慮商品、產品的庫存管理時，首先必須確定應該持有的是什麼庫存物料，或者不能持有的是什麼物料。

幾次錯過銷售機會的產品，當然也不能無限地持有庫存。零售業也好，批發業也好，放置商品的空間都是有限的。在有限的空間裏，大概只有把偶爾未售出商品納入庫存。製造商也是一樣的，不只是產品倉庫的空間問題，此外，只能偶爾放置沒訂單而生產的物品。

(1)常備庫存品

定為「持有庫存品」的商品或產品叫做「常備庫存品」。成為常備庫存品的物料，按其字面理解應該是不能缺少庫存，一般應維持適當的庫存水準。如果是常備庫存品，必須制定顧客有訂單就準時交貨的體制。當然，有必要維持能應對某種程度的需求變動的庫存

水準。

(2)特別訂購品

不能將受理的商品、產品全部當作常備庫存，全部當作常備庫存是不可能的。即使沒有庫存，也可以作為商品、產品來處理。

以書店老闆的經營為例。因為店內書架空間有限，能成為常備庫存品的僅僅限於所出版書的一部份。但是幾乎所有出版的書，應該只要有訂單就能函購。準備好訂購目錄等，如果有訂單，只要能儘快地函購就應該能經營了。

相對於常備庫存品，這種商品、產品叫做「特別訂購品」。作為特別訂購品的物料，通常沒有庫存，有了訂單後盡可能快地郵購，製造商則在儘量短的繳納期進行特別訂貨的生產。作為特別訂購品的物料，應注意絕對不能變成庫存。因此，郵購物料或者生產物料不能超過訂單數，這點很重要。

對於製作商和批發業，製作本公司受理的商品、產品訂購目錄，這時在訂購目錄上要明確那個商品、產品是常備庫存品，並且確定一有訂貨就能及時出庫的體制。

即使在訂購目錄上有所揭示，也要註明作為特別訂購品的商品、產品是那些，並明確郵購的花費是多少，或者接受訂貨後，生產特別訂購品的時間有多長。

應定期地重新評估常備庫存品或特別訂購品的區分。這裏的問題是，從常備庫存品中被劃分成為特別訂購品而留有庫存的物料，以及雖然本來沒有，但製作特別訂購品時，要考慮因合格率之類的問題而投入生產了多餘部份，因此變成庫存的物料。由於這種理由變成庫存的物品叫做「常備外庫存品」。

這種常備外庫存品是問題庫存，如果有訂單，這種物品要能出

庫銷售掉就好，但這種理想的情況是少有的。多數情況是幾乎都剩下來成了積壓品。

一旦斷定為積壓品：就永遠不要記為賬簿上的庫存。作為存貨資產的耗損，應該從賬簿上剔除，並進行處理。

為了盡可能不產生積壓品，也應特別注意明確常備庫存品和特別訂購品，特別庫存品絕對不能有庫存。當然，成為常備外庫**存品**的物料絕對不能有庫存補充。

2.對於常備庫存品的判斷

考慮應經營怎樣的商品、產品，是市場的產品戰略以及銷售規劃的問題。在此，我們來簡單地說明一下在庫存管理方面應將什麼樣的商品、產品作為常備庫存品。

(1)能夠預計銷售一定數目以上的物料

沒有必要將不能銷售出去的物料作為常備庫存品，這一點不用說明了。雖然不同的企業規模有所差別，但必須確定月銷售多少以上的物料作為常備庫存品的標準。

(2)能夠預計利益的物料

除了正在銷售的物料，這也是常識。看不到利潤的物品，不是應受理的商品、產品，這是無需討論的。

(3)有某種頻度以上訂單或能期待某種程度以上出庫的物料

以汽車維修零件管理為例。所謂必要的維修零件，一個車種就有兩萬件以上。

如果在製造商的零件中心，所有的兩萬件零件都是常備庫存品，但各地的銷售公司的零件中心則沒必要持有這麼多的常備庫存品。

　　當然，不是常備庫存品的其他維修零件就成了特別訂購品，按照所需向製造商的零件中心發緊急訂單，最遲能在2～3天以內送達。

　　一月中至少有一次以上訂單的物品，或一月有幾個（因行業、企業經營形態不同而有所不同）以上訂單的物品，制定常備庫存品的標準，也要定期重新評估其標準。在作為特別訂購品的物品中，有的有很多訂單，這類物品也可以當作常備庫存品。

(4)以準時交貨為前提，如果總是沒有庫存則錯過銷售的品種

　　顧客按照常識認為這種商品或產品應該有庫存，一去馬上能得到，或者一個電話就能要求馬上送到。同樣的物品那裏都有，如果得不到，他就會從其他商店（其他公司）採購，這樣的話，企業就失去這筆生意了。

(5)特別訂購品中過於花費時間的商品、產品

　　有這樣的情況，有的品種是接受訂貨後再讓製造商送過來，或者需花費過多時間進行生產，一旦沒有庫存則不能滿足顧客的要求，這種品種應作為常備庫存品。

　　雖與顧客有關係，但被要求「因為買了很多其他的物品，這個物品即使只是偶爾買買，但也要有庫存」，因而成為庫存品，也有這種情況。

(6)商品壽命週期沒有到衰退期，今後也有需求可能的品種

　　新產品從投入生產開始，到其停止生產為止這一段時期，描述為導入期、成長前期、成長期、成熟期、衰退期等壽命週期。應成為常備庫存品的品種，是壽命週期沒到衰退期的商品、產品，必須是今後仍有需求可能的品種。

(7)成為企業主導商品，關係到企業形象的品種

不管什麼行業打出招牌，如果不用這種物品會讓人覺得不可思議，像這樣成為主導商品的品種，姑且不論它是否暢銷，但這種作為企業形象的物品可以加到常備庫存品中。

(8)相對於其他競爭公司，具有某些特徵和明顯差別的品種

只將暢銷的物品作為常備庫存，與其他公司的商品調整幾乎相同，沒有自己的特色也是不行的。比較其他競爭公司，具有某種特色的個性物品也可以加到常備庫存品中。

(9)對提升企業形象有貢獻的品種

不只是基於暢銷的考慮，還可以將超高價的物品、尖端技術的、只有發燒友才買的物品也加入到常備庫存品中，謀求企業(店鋪)形象的提升也是很重要的。

(10)對增加當前市場、當前顧客有貢獻的新商品、新產品

正是因為新商品、新產品沒有銷售實績，所以人們常常煩惱是否應將它們作為常備庫存品。在新商品、新產品中，如果有適合向正在進行交易的顧客推銷的物品，則應積極地採用並作為常備庫存。但是否採用，必須先作一些市場調查。

(11)對開拓新市場、新顧客有貢獻的新商品、新產品

即使新商品、新產品，不是針對原有的市場和顧客對象，而是要開拓新的市場和顧客，也可以把它作為常備庫存品。通常如果不開拓新產品，市場和顧客就會變得越來越少，所以要一點一點地挑戰這種多樣化路線。

⑿儘管銷量少，但是能促進其他主導商品的銷售起的品種

這種物品單獨作為常備庫存品沒什麼必要，但為銷售其他主導商品，無論如何也必須持有的物品。

3.要正確掌握庫存量

在你的公司中，能否正確地把握庫存呢？在許多規模小的商店，沒有庫存總賬，不清楚庫存是否合適、是否有差錯。老闆經常奇怪，最近才購入的物品怎麼就沒有了，或者明明有很多放在那裏的，到急用時卻沒有了。像這種只是憑記憶管理是不行的。脫銷了才急急忙忙向批發商訂貨補充物品，在這種管理水準之下，生意也難有大的起色。

你的公司決不會是這種管理水準吧。不管怎樣，即使庫存很少，也要以手工方式或者電腦方式，持續記錄庫存總賬。但問題是這個庫存總賬的資料要保持什麼程度的精確度。

庫存總賬上有庫存，但倉庫裏卻沒有物料；或者相反，總賬上沒有記錄的物料，但倉庫裏卻有現成的物料；總賬的數目與實際相差太遠等等，這些問題不一而足。

很多企業認為，雖然是如此程度的管理水準，如果使用電腦的話，可以有所改善吧。於是投入大筆資金引入電腦辦公設備。但是完全沒用，只是增加了租金、系統（流程）費以及電腦負責人的人事費，增加了成本。

首先，應該完成能正確把握手工作業階段庫存的計劃，然後為了提高其業務系統的效率和節省人力而引入電腦，希望按照這樣的步驟進行。

電腦的庫存管理流程一般是用 MRP 系統，但它也經常有不能很

好運行的情況。

正確把握庫存是電腦化之前必須解決的。

購置了電腦，引入了 MRP 系統，但卻不能很好地運用，大多設法求助於諮詢機構。在我看來，最好在一開始就委託諮詢機構。但也會有很多複雜的情況，雖然也有系統運用上的問題，但很多是在引入電腦之前必須解決而沒解決的問題。

 案例 零件工廠的庫存輔導

本個案是製造車體所需使用的零件工廠，公司創設至今已 12年。公司的登記資本額為 900 萬元，目前的產品有 100 多種，公司的員工約 20 多人。

本研究就公司的現況加以檢討，首先分析公司未設立制度可能造成有問題。然後，依總經理之意見，專就存貨作業之制度加以研究，針對公司現行的需求，設立一套適用的單據，並且建立這些單據的流程。

制度設立之後必需加以實行才能見其效果，因此本研究特別擬定施行方案，以做為公司執行此制度時的參考，最後，本制度實施之後可以獲致的效益加以分析，並且提出一些建議以供公司參考。

1.行業特性

本個案公司是裕隆汽車製造公司的衛星工廠之一，主要為生產車體所需使用的零件。H 公司所生產的零件一般都採用沖模製造，因此主要的生產技術乃集中在製模作業上。目前公司的產品達 100 多種，可見公司所擁有的模具之數量也不少。

　　H公司的現任總經理於公司創立之時就自己參與製造行列,因此總經理對於生產技術與生產情況,瞭解甚為透徹。由於公司系以技術起家,因此公司的經營重點集中在技術與生產方面,更由於公司的現行客戶只有裕隆公司一家,使得公司可以不必設置營業部門。

　　由於公司著重於生產,因此公司中缺乏完整的制度可循,公司的生產目標,隨裕隆公司的目標而制定,公司缺乏正式的品管制度,也無存貨管理制度,一切全靠總經理與全體員工的經驗來執行與判斷。但由於公司的組成較簡單,因此以總經理之能力,尚可以顧及各種情況。

　　然而依據汽車產業的調查資料顯示,未來幾年國內汽車工業前景看好,每一家汽車製造廠均已投資擴增廠房,連帶地對汽車零件的需求也將提高。本個案公司現正擬遷往新廠,正可以逐步擴充產能,以適應這種新的需求情況。

　　但是,由於國內各家汽車製造廠均擬提高產量,勢將造成供應超過需求的情況,屆時唯有積極地拓銷國外市場,方可以使國內的汽車工業順利地發展。但是為能順利地向國外拓銷,汽車的品質必須優良,連帶地也將會要求各衛星工廠提高產品的品質,因此各家衛星工廠必須逐步地走上正軌,邁向制度化,才能滿足這種要求。

2.公司現況

　　H公司為現任總經理於20年前,以3000多元的資本參與原有公司的合夥。當時整個公司是以3台機器起家,開始從事生產,一切事情都要靠自己。經過數年的艱苦工作,歷經許多艱難困苦,終於發展成現有的狀況——公司內擁有20多台機器,員工20多名,產品有100多種。

　　H公司為裕隆汽車製造股份有限公司的一家衛星工廠,其主要產

品為汽車車體上所需要使用的零件。主要的作業為衝床作業。多年以來該公司所生產的零件品質均很好，而且都能按照契約準時交貨，很少發生遲交的現象。因此，裕隆公司每年對其衛星工廠所進行的考核作業，都將 H 公司評為甲等。近來，裕隆公司由於業務上需要，更要求 H 公司增加生產能量，以提高生產量，以便能滿足裕隆公司逐漸增加的需求。因此該公司現正在舊有廠址附近，興建一棟現代工廠，現已接近完工階段。

H 公司現有的客戶只有裕隆公司一家，因此公司的業務極為單純。其銷貨的作業方式通常是由裕隆公司與該公司簽訂合約，合約中規定由 H 公司負責生產某種車型上所要使用的零件種類，以及數量為多少，並且約定價格為多少。然後，裕隆公司每隔半年以及每個月均會制定生產計劃表，分發給各衛星工廠，以便讓名工廠能夠有所準備。半年計劃表主要是通知裕隆公司未來半年的計劃。衛星工廠的生產作業，主要根據每月的生產計劃表來排定。每月生產計劃表主要是通知下個月所要生產的車型與數量。除非裕隆公司另外再通知，否則衛星工廠即照此計劃表進行生產。

H 公司由於業務單純，而且成員非常簡單，因此現行的組織非常簡單，每人的工作性質如下：

總經理：負責公司的業務，並監督工作的進行。

會計：收付賬款，購料，登計成品交貨數量，記錄表格等工作。

工廠領班：負責管理工廠的生產工作，並督導 20 多名員工。

H 公司的現行作業並不使用單據，只是由會計人員自行登錄入賬。未設立購料、領料、退料等單據，也未設立料卡的記錄，亦即沒有一套完整的物料領退，存貨進出倉庫等記錄。因此沒有辦法產生物料耗用情況，也沒法獲知產品的成本。因此產品的價格只好由

總經理，自行根據自己的經驗來估計。

　　該公司現也未設立正式的品管制度，只是在生產的過程中，由技術工依照自己的粗略估計、檢驗是否合格，因此不能適時反應出生產的情況。而且進物料時也未加以檢驗，因此無法將不良材料退給供應商，這無異是增加自己的成本。

3.分析重點

　　H公司的現行業務非常單純，而且公司內的組成極為簡單，因此業務的執行都不採用單據，也不產生任何報表來衡量公司的績效。由於公司一共只有二十多人，總經理認為現行的作業方式仍然可以滿足公司的需求。但是 H 公司是一家極具潛力的公司，現正在興建一現代化工廠，足見 H 公司在不久的將來，將會逐漸擴充產能，增加公司的成員。根據管理幅度的原則，一個人的管理幅度是有限度的，當公司的成員增加之時，為使公司仍然能維持高度的工作效率，必須設立一些制度，來輔助經理人員的管理。

　　對製造業而言，「節流」也是公司獲得更多的利潤的方法。制度的設立可以管制公司的開支，減少浪費，或是意外損失。制度的設立更可以將經理人員所要獲知的情報迅速地反應給經理人員，以便他們能夠迅速地找出問題之所在，而加以修正。

　　H公司現在沒有任何一套正式的作業制度。依據總經理的意見，他對公司中現有的材料數量，成品數量，材料的耗用量，究竟為多少不清楚。如果能設立一存貨記錄，並且配合成品進出倉庫，材料領退等作業，正可以符合總經理的要求。因此本研究擬對公司的現行作業方式研究出一套可行的存貨領退作業程序與記錄方式。

4.問題分析──公司存貨制度分析

　　公司中的存貨作業如果不使用單據與記錄，而且如果不建立一

正式的作業程序，將會造成下列的一些問題：

(1)未設立料卡的缺點

料卡的作用為記錄各批次的購料數量，剩餘數量，以及價格。如果設立料卡，將不易獲知成品，物料仍然還有多少在倉庫之中，因此不知何時為最佳的訂購時機，容易造成缺料的情況，或是因為採購太多而造成呆料，也可能造成成品生產過多的情況，這些情況的發生都會提高公司的成本。

(2)未設領料單的缺點

未設領料單，則對物料，成品的流出不能加以控制，容易造成浪費。而且不易獲知物料的耗用情況。

(3)未設訂購單的缺點

不易確定物料是否已經訂購，也不知物料到達的日期而且如果產生料紛時，也沒有任何憑證，可以加以證明。

(4)未設退料單的缺點

將會造成存貨記錄的不準，而且耗用的情況，也不能準確地算出。

(5)未設立送貨單的缺點

不知貨物是否已送至廠商處，而且發生料紛時，也沒有憑據。

由以上幾點的分析，可以獲知，如果不使用單據，不採用作業制度，將會提高公司的成本，而且產生出來的情報也不準確。如果設立制度，並且採用單據，雖然會增加一些費用，但是因制度的實施，將可以降低存貨的成本，減少損失，並且可以產生有效的情報反應出公司的存貨狀況，以及耗用情況。可見設立制度後所產生的效益將會比花費的成本為高。

5.解決方案研擬

(1)公司部門的劃分

H 公司的現行組織非常簡單，為了在不增加成員的編制之情況下，仍然能夠執行物料的領、退作業，本研究不擬改變公司的現行的組織，仍然維持現況。總經理下面設兩部門（一人負責一部門），一為生產部門，另一為會計與物料管制部門。每一個人所涉及的有關存貨系統之工作如下：

①總經理

負責核定採購單，並且審核及稽查採購及領、退料等作業，並且排定交貨日期表。

②生產

依據交貨的日程表，排定生產排程，並且換算成需要使用的材料。他還需負責領料，退料及成品繳庫等作業。

③會計及物料管制

負責採購，將物料進出，產品進出及賬款進出登錄入賬，並負責退料給供應商之作業。

(2)料卡的設立

存貨作業流程之中心為料卡之設立，每日購入材料時，依材料驗收單上所登記的數量，並且就供應商所開來的發票上所記載的物料單價，登記在料卡上面。

生產部門領退料之時，依據領料單或退料單上所記載的數量（注意檢查），記載在料卡上的適當位置，並且加出或減出餘額尚有多少。

存貨的單價採用移動平均的方式。料卡是依物料及產品兩者均可以使用的格式，但是產品可以不必填價格。

(3)領料單與領料作業流程

領料單的格式，一式兩聯。生產部門需要用料之時，填領料單向物料管制部門領料，一份自己取回保管，一份留存物料管制部門。

領料單：一式兩聯。

第一聊：生產→物料管制→生產(存檔)

(物料領出)→(物料)

第二聯：生產→物料管制

(單據存檔，登入料卡)

(4)退料單與退料作業流程

退料單的格式一式兩聊。生產每一批成品時所剩餘的材料，均應退回倉庫。由生產部門填退料單，然後隨同物料送回物料管制處，讓物料管制部門簽收之後，自己取回一份保管。

退料單：一式兩聯。

第一聯：生產→物料管制→生產(存檔)

(物料)→(物料入庫)

第二聯：生產→物料管制

(存 檔並登入料卡)

(5)成品入庫單與作業流程

成品入庫單，一式兩聯。生產部門生產出成品時，由其填成品入庫單，然後連同成品繳交物料管制部門，由其簽收，自己取回一份保管。

成品入庫單：一式兩聯，作業程序如同退料單的作業程序。

(6)採購單與採購作業流程

採購單，一式四聯。由物料管制部門填採購單，送交總經理簽名之後，由總經理自留一聯，物料管制部門留一聯，將剩餘的兩聯

送至供應商處由其簽收之後，取回一聯。

　　採購之時機與數量可以依照生產部門所預計的需用材料，配合安全存貨的數量去訂購，當存貨低於安全存量時，即開出採購單訂購。

　　採購單：一式四聯。

　　第一聯：物料管制→總經理→叫物料管制（存檔）

　　第二聯：物料管制→總經理（存檔）

　　第三聯：物料管制→總經理→物料管制→供應商→物料管制（與
　　　　　　第一聯核對）

　　第四聯：物料管制→總經理→物料管制→供應商

(7)材料驗收單與作業流程

　　材料驗收單，一式兩聯。依據供應商所送來的送貨單，並且將實際收到的數量記入材料驗收單中，一聯自己保存，一聯送至供應商之處。

　　材料驗收單：一式兩聯。

　　第一聯：物料管制（存檔並按實收數量登入料卡）

　　第二聯：物料管制→供應商。

　　（註：材料驗收單系依其供應商送來之送貨單開立，並且依實際收到之數量填入實收數量）。

(8)不良材料退給供應商之單據與作業流程

　　不良物料退給供應商時可以使用生產線之退料單，由物料管制部門填一式兩聯，連同物料送回供應商處，由其簽收後取回一聯自己保管。

　　不良物料退給供應商：單據同退料單

　　第一聯：物料管制→供應商→物料管制（存檔）

（不良物料領出，並登記料卡）

第二聯：物料管制→供應商

（9）送貨單與作業流程

送貨單一式兩聯，由物料管制部門填寫，隨同貨品送至裕隆公司之處，由裕隆公司簽收之後取回一聯保管。

送貨單：一式兩聯，處理程序如同不良物料退給供應商。

6.方案之施行方法

本方案之施行必須有下列事項的配合：

⑴對現有的存料，存貨進行盤點，以便統計出現有的存量，H公司現正擬遷至新廠，可以趁此遷廠之際，清點出現在尚有多少存貨，與存料，並且加以分類，以做為料卡上的存貨資料。

⑵對物料進行編號：H公司所生產的產品，現已依照裕隆公司的編號，加以編號。但是物料尚未加以編號。物料之編號型式可以採用：

$$× \quad × \quad × \quad × \quad ×$$
$$↑ \quad ↑ \quad ↑ \quad ↑ \quad ↑$$

第一位：以英文字母表示，物料性質。

第二位：表示某一車型專用，或共用。

第三、四、五位為流水編號（001→999）

⑶印製單據。

⑷工廠遷至新廠時，最好設立一存放物料與產品的庫房，如此可以管制物料及成品的進出，以免浪費，損失甚或遺失。

(5)每半年應對庫房中的存料，存貨進行盤點，如果與料卡上的餘額發生差異應分析其原因，並請總經理核准之後，再調整料卡上的數量。

(6)廢品或廢料應請總經理批准後，再調整料卡上的數量。

當上列各項逐漸實施之後，尚可以由上列的單據編制出下列兩報表：

(1)採購記錄表，表中記載各次採購的數量與金額，以供總經理查對。

(2)材料存貨月報表以及成品存貨月報表，表中記載月初存貨，本月入庫數量領用數量，以及期末存貨。

7.結論與建設

H 公司為一家非常具有潛力的公司，遷至新廠之後，人員必將會逐漸增加。以經營者的立場來看，人員的增加將會增加成本，而且會增加管理上的困擾。但是如果能夠建立良好的制度，來輔助經營者執行工作，將可以減輕經營者的負擔，並且可以降低成本。因此本研究建議 H 公司應該逐漸地制度設立起來。

本研究就 H 公司的存貨進出作業進行研究，設立領退的單據，建立單據的流程，並且建議一些施行的方法，H 公司可以就此方法逐步的實施。此制度實施之後將可以產生下列的效益：

(1)可以減少浪費或遺失的情形，如果材料的耗用率過高的時候，將可以由物料存貨月報表，與公司所製造出來的成品數量加以比較（此可以由存貨月報表之本月入庫數量獲知）而得知，因此馬上反應出來，提醒經理人員注意。

(2)由於料卡的設置，可以對各項物料進行 ABC 分析，以找出一些成本較高的物料作為控制的重點。

⑶可以經由料卡的分析，而獲知何時應該訂購物料，因此不會發生缺料，或是購料過多的情況。

⑷由於設有單據為憑，因此可以減少糾紛的情形發生。

⑸可以由此系統產生一些報表，以便供總經理參考而提高控制的效果。

在實施本系統之時，有一點應特別注意的，就是由於現行的作業方式較簡單部門的劃分較單純，因此在處理程序上比較不容易產生內部控制的效果，因此總經理在人員考核方面應特別注意。

如果人員的可信度很高，則內部作業的單據，如領料、退料、成品入庫等單據與流程可以暫緩實施，只是由物料管制人員自行登錄入賬。但是外部作業如採購，送貨等單據，還是先行實施以免發生糾紛。

步 驟 二

庫存物品要編號

在物料與倉儲管理過程中，對物料進行分類和編碼，可以更好地儲存和管理物料。物料分類相對簡單一些，可以按照材料的性質、物料的用途、物料的使用頻率等進行分類。

1 為何要物料編號

將物料分類後，就要進行物料編碼。即使用簡捷易辨並且容易記憶的文字、符號或數字來代表物料的歸屬、名稱、規格、成分或配方。原則上應該是「一物料一編碼」，要清除「一物料多名稱，重覆採購、倉儲、積壓」現象。

對物料做好分類和編碼後，可以形成管理標準並存檔，以便查閱。

物料編號是以簡單的文字、符號、字母、數字來代物料、品名、

規格或屬類及其他有關事項的一種有規律的方法。當企業物料種類很少時，物料是否編號都無關緊要；當企業物料數百上千種時，物料不進行編號則物料管理就容易混亂，特別是物料管理電腦系統化時，物料編號是必不可少的，物料編號就相當於身份證號碼。物料編號的作用有以下幾點：

(1)增進物料資料的準確性

物料的領用、發放、請購、跟催、盤點、儲存、保管、賬目等一切物料管理事務性的工作均有料號可以查核，物料管理較容易，準確率高，物料名稱混亂的情況就不至於發生了。

(2)提高物料管理的效率

物料管理中，有物料編號代替文字的記錄，各種物料管理事務簡單省事，效率增高。

(3)有利於電腦系統的管理

物料全部編號，配合電腦化系統處理，檢索、分析、查詢、計算都非常方便，效率變得非常高。

(4)減低物料庫存、降低成本

物料編號有利於物料存量的控制，有利於呆滯廢料的防止。並提高物料活動的工作效率，減少資金的積壓，降低成本。

(5)防止各種物料舞弊事件的發生

物料編號後，物料收支兩條線管理，對物料進出容易追蹤，物料記錄也非常正確，物料儲存保管有序，可以減少或防止物料舞弊事件的發生。

(6)便於物料的領用

每種物料都有惟一的料號，對物料的領用與發生非常方便，並能減少出錯率。

2 物料編號應遵循那些原則

(1)簡單性

物料編號的目的就是化繁為簡，物料編號太複雜，就違反了編號的目的，因此物料編號使用各種文字、符號、字母、數字時儘量簡單明瞭，不必編得太複雜，以利於記憶、查詢、閱讀、抄寫等各種工作，並可減少錯誤的機會。

(2)分類延展性

對於複雜的物料，進行大分類後還要進行細分類，如前面分成五金類，五金類後面還分五金管材類、螺栓類等，管材類有不銹鋼、碳鋼等，不銹鋼管又有不同的大小規格。所以編號時應注意選擇數字或字母要具有延展性。

(3)完整性

在物料編號時，所有的物料都應有對應的物料編號，這樣的物料編號才完整，就如身份證號，中國每個人都有身份證號，且沒有兩人有相同的身份證號，而且，剛滿16歲的公民就可以擁有一個新的身份證號。同樣，如果有些物料找不到對應的料號，則這個物料編號不具備完整性，新物料的產生也應賦予新的料號。

(4)對應性

物料編號的對應性指一個物料編號只能代表一項物料，不能一個物料編號代表數項物料，或數個物料編號代表一項物料，即物料編號應具備單一性，一一對應。

(5)規律性

物料編號要統一，分類要具有規律性，不能這次編號按高矮分，下次編號按胖瘦分，這樣就容易造成混亂。

(6)伸縮性

物料編號要考慮到未來新產品新材料發展擴充的情形，要預留一定的餘地，新材料的產生也有對應的惟一的料號，否則新物料就無料號可用了。如中國以前的身份證年份是用兩位阿拉伯數字表示，假如某人是 1900 年 11 月 28 日出生，以前中國身份證的編號就是 001128，但如果同一地方 2000 年 11 月 28 日有同性別的人出生，則他（她）們的身份證號碼就有可能重覆，也就是說，以前身份證編號方法不具有伸縮性，現在年份改為四個阿拉伯數字就解決這個問題了。

(7)組織性

物料編號應有組織有順序，以便可從物料編號查詢某項物料的資料，物料編號有組織性和順序性，可為物料管理增加不少的順利和方便。

(8)適應機器性

電腦的應用對於物料管理起了非常方便的作用，現代的公司大部份都使用了電腦網路化的物料管理系統（如 MRP Ⅱ /ERP 等），如何使物料編號在電腦系統上查詢方便、輸入方便、檢索方便等，是非常重要的。

(9)充足性

物料編號所採用的文字、符號、字母、數字，必須有足夠的數量，以便所組成的物料編號，足以代表所有已出現和未出現的物料，否則將來遇特殊物料時無號可編，使電腦化的物料管理系統陷於癱

瘓。

⑩易記性

物料編號還應選擇容易記憶、有規律的方法，有暗示和聯想的作用，使人不必強制性記憶。

3 物料編號的方法

(1)數字法

以阿拉伯數字為編號工具，按屬性方式、流水方式或階級方式等方式進行編號的一種方法。

表 2-3-1　數字法編號方法

類別	分配號碼
塑膠類	01～15
五金類	16～30
電子類	31～45
包材類	46～60
化工類	61～75
其他類	75～90

(2)字母法

以英文字母為編號工具，按各種方式進行編號的一種編碼方法。

表 2-3-2　字母法編號方法

採購金額	物料種類	物料顏色
A：高價材料 B：中價材料 C：低價材料	A：五金 B：塑膠 C：電子 D：包材 E：化工	A：紅色 B：橙色 C：黃色 D：綠色 E：青色 F：藍色 G：紫色

(3)暗示法

以字母或數字作為編號工具，字母數字與物料能產生一定規律的聯想，看到編號能聯想到相應的物料，此為暗示法。

表 2-3-3　暗示法編號方法

編　　號	螺絲規格
03008	3×8
04010	4×10
08015	8×15
15045	15×45
12035	12×35
20100	20×100

⑷混合法

以上三種方法綜合運用，即字母、數字、暗示同時使用的一種
方法，此種方法為最好的一種方式。

圖 2-3-1　暗示法編號方法

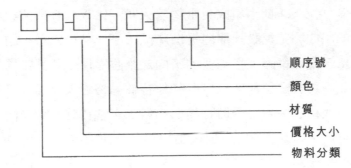

如：電風扇塑膠底座(10)、高價(A)、ABS料(A)、黑色(B)、順
序號(003)，其編號為：10-AAB-003

 # 物品分類編號步驟

物料分類之功用有：便於物料之識別；增進物料管制之效率；
為物料編號之前提條件。

推行分類編號之步驟有以下幾點：

1. 確立目標

推行分類編號之初，首先須分析其目的何在，依目的之所在，
而採取其所需之方式。且依企業之客觀環境，融會變通而採取適合
機宜的應有措施。

2.設立分類編號小組

物料之分類編號工作牽涉甚多，企業於此項工作進行之初，應先召集各有關人員組成小組，以免編出類別料號不切實際而無法應用。

在正常狀況下，此小組成員由物管人員、工程設計部門與現場維護工程師組成。工程設計部門提供產品、半成品、原料、副料之種類與規格。現場維護工程師提供廠內之維護零件，及其廠內生產所需消耗雜項物料之類別、規格與其他特性，物管人員綜合二者所提之資料，並檢討廠內是否仍有其他物料未包含在此二者之內，檢討完後，再依據編號目標與原則編制物料之分類編號。

3.搜集資料

小組之成員均須依下列方法搜集資料；舉凡工商業現存物料，或現在雖無庫存而過去曾經銷用之物料，對其名稱規格均在搜集之列，市場上有現貨出售，且事業將來可能應用之物料以及隨著事業之發展而預計所需之物料，其名稱規格均需同時搜集。

4.研判整理資料(此工作通常由物管人員處理)

對於所搜集之資料，先作分類，對相同者併為一項，對於有疑問之資料，應嚴加分析判明，方可採信之。

5.擬定分類系統及編號方式(此工作通常由物管人員處理)

依搜集之資料擬具大概之分類系統與編號方式。先將資料歸成若干大類，再細分成小類，同時對所有資料，應採取何種編號制度，應由編號小組開會商討，擬定最後方案呈送最高階層議決。

6.決定計劃及審核資料

經最高當局核定後，應對原有資料再詳加審核，對原擬定之名

稱是否合適，對不同之現用名稱應用何種標準，予以統一，而確定其標準名稱。對參酌對照之英文名稱或日文名稱是否恰當，對所屬的門類是否恰合業務需要，需否另行附圖，及附圖是否正確等，此項工作辦理完竣，宜對審核之資料，重新排列，再慎重開小組會議加以討論，俟均行決定後，再據此編號。

7.釐訂編號草案

依核定資料及業經核定之編號辦法，擬定編號方案送核。

8.議決頒佈實行

經最高當局核准後，便公佈施行之。

9.編印物料手冊

分送各有關部門。

5 對商品、產品、原材料進行編碼

構築庫存管理系統基層結構的第一步，是商品、產品、原材料的代碼化。在沒有物料代碼化狀態下的電腦化，或者導入電腦時才開始使用代碼等都是不可取的。

要使庫存一致，從現場的出庫委託和出庫指令都必須用代碼書寫。一旦使用物料名稱，就會發生不同的人對物料叫法不同，或者記賬員把物料記入了完全錯誤的欄目下等等的錯誤。在期末的實際盤點等業務中，不習慣使用代碼的工作人員如果給物料隨意起名，這樣進行盤點，其資料就完全不可靠了。

也有設了代碼而不使用，以物料名稱來記錄物料變動的公司。應該全部使用代碼，習慣代碼，即使從現場進行出貨委託，不寫代碼就不能出庫。

在便利商店使用的商品全部用全國通用的商品代碼。由於這些全都是用條碼表示的，非常方便。通過條碼閱讀器的閱讀，能立即進行入庫確認、銷售計算，使銷售管理、庫存管理、商品補充變得簡單。只是補充賣掉的物料就可以了，完全不用擔心庫存會增加到規定量以上。

在分析暢銷商品的同時，也能分析滯銷商品，完全沒有無效庫存的經營是有可能的。（註：遺憾的是，不能掌握不通過收銀機而帶出商品的扒竊行為，所以晚上必須作庫存結餘與實物核對的追加補充。）

　　代碼中有表意代碼（帶有某種意義）和單純的順序代碼（序列號：發生順序代碼化），可以考慮將兩者組合。還要考慮將來的發展，盡可能考慮簡單的形式。

　　已經使物料代碼化，並使用了代碼時，只要不是很不合理的代碼，就不妨這麼使用。以後物料代碼化時，儘量只用數字，數位不要太長。表意代碼具有各種意義，數位長會欠缺實用性；若分得太細，將來在不同範圍引用時，大多會變得不可收拾。

　　因此，最好使用只是籠統分類的表意條碼，後面加上順序碼。數位長時就像電話號碼一樣每 3～4 位數分開，更容易讓人記住。下圖是代碼設置方法的例子。

圖 2-5-1　代碼設置方法示意圖

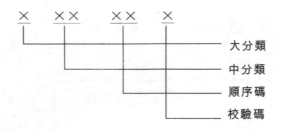

　　也有針對一種物料，印上圖樣編號、工廠代碼、營業代碼、電腦代碼等幾種類型代碼的情況。為了用電腦進行處理，也經常看到手工更換代碼等費工夫的情況。

　　在公司內部應使用的代碼，應該是一個物料對應一個代碼。反對設了圖樣代碼還要設其他代碼。零件代碼應該是圖樣代碼。為圖樣整理而設的編號，根據本部門的情況，必要的是用個人電腦也能製作對應表。如果運用電腦，在品目主頁上登記各種類型的代碼，就能滿足每個部門的多種要求。

所謂校驗碼，是對其上位的 5 位數字進行加工，並根據計算得出的某個數位決定的。在電腦輸入階段進行這種計算，當條碼輸入有誤時，因為與校驗碼的數字不同，就能發現條碼錯誤。

6 零件構成表（Bill of Material）

材料零件明細表（Bill of Material，BOM）是以字母表示零件元件，數字表示零件，括弧中數字表示裝配陣列成的表格，它的具體方法是對全部物料項目進行分層編碼，編碼數字越小表明層次越高。

圖 2-6-1　產品 M 結構

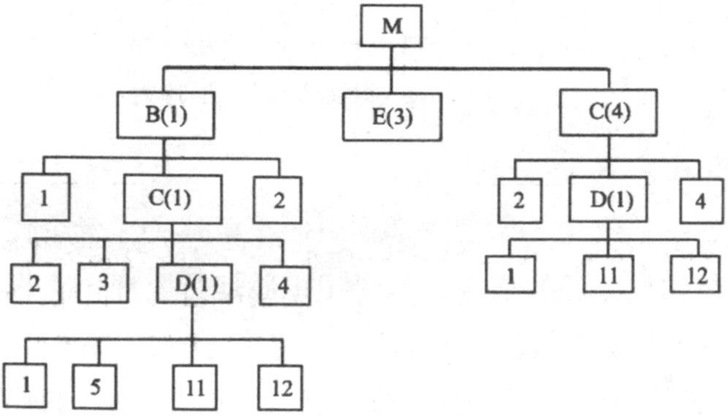

從圖中可以看出，最高層次層的 M 是企業的最終產品，它由部件 B（每組裝 1 件 M 需 1 件 B）、部件 C（每組裝 1 件 M 需 4 件 C）及部件 E（每件 M 需 3 件 E）組成。而每一個第一層次的 B 件又是由部件

C(1 件)、零件 1(1 件)、零件 2(1 件)及零件 3(1 件)組成,依次類推。

當產品資訊輸入電腦後,電腦根據輸入的產品結構文件資訊,自動賦予各部件、零件一個低層代碼,低層代碼的引入,是為了簡化 MRP 的計算。在產品結構展開時,是按層次碼逐級展開,相同零件處於不同層次就會重覆展開,增加計算工作量。因此,當一個零件有一個以上層次代碼時,應以它的最低層代碼(其層次代碼數字中較大者)為層次代碼。當一個零件或部件在多種產品結構的不同層次中出現,或在一個產品的多個層次上出現時,該零件就具有不同的層次碼。

為了滿足設計和生產情況不斷變化的需要,靈活適應市場對產品需求的多品種、小批量增加的趨勢,產品結構文件必須設計得十分靈活。

通過盤點,正確掌握材料、零件庫存資料,包括各種材料、零件實際庫存量、安全儲備量等資料。

BOM 是物料管理部建立配料單、控制並發出物料的依據,對於物料管理部的重要性是不言而喻的。

案例 塑膠加工廠的物料編號管理

　　某塑膠加工廠分七個小場，射一場，射二場，（依射出成型機之大小，分成二個場），擠壓場，碎料回生場，編一場，編二場（依機器之廠牌分成兩個場），修護場，其設立期間甚短，自設廠到目前僅有四年多的歷史，當初設廠時規模甚小僅設有目前之射一場與編一場，後因業務甚好，許多客戶自動加入股東行列，才有今日的規模。此廠之廠長原任職於某一國營事業，因此物料分類編號完全採用其原來服務公司的分類編號方法，分類編號方法如下：

　　1.內購物料分三層，以 7～8 位數字來代表。

　　大分類分原料、副料、一般物料，中分類依據物料之性質，最後則以規格來區分。若無法查到對應之料號，則次分類與序號自行編訂，但在號前加 V 字。

圖 2-6-2　內購物料之分類

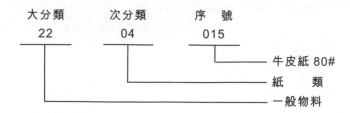

2.外購之機器零配件。

　　此分類編號方法因是由物料管理部門單獨依據廠長原來所服務公司之物料分類編號手冊來編制，因而在日常物管業務中發生下列分類之問題：

圖 2-6-3　外購機器零配件之分類

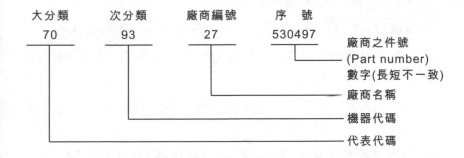

大分類　　　　次分類　　　　廠商編號　　　　序　號

70　　　　　　93　　　　　　27　　　　　530497

廠商之件號
(Part number)
數字(長短不一致)
廠商名稱
機器代碼
代表代碼

　　1. 不適合本廠物料之特性，無法達到系統化。

　　2. 分類編號系由物管單位單獨編制而成，因物管人員對工廠內之機件不甚瞭解，無法確切將場內所有機器(設備)之維護零件加以編號，因此目前有關這一方面之物料編號殘缺不全，且工廠現場人員不易瞭解編號手冊，也因而導致物料單據上鮮有填寫物料編號之弊病。

　　因目前之分類編號很不合理，廠長要求物料管理部門盡速編制一套合理的方法，以便建立電腦之物料文件，但物料管理部門認為建立一套合理之物料分類編號方法需要時間太久，以目前之人力無法在兩個月完成此工作，而負責電腦作業之管理員認為暫時先以目前之分類編號建立物料檔，待合理之分類編號辦法完成後再修正物料檔。經各部門開會協調結果，擬採用下列方法：

1.為便於將物料上電腦，暫時以下列方法分類編號：

⑴物料之分類與編號之方式如下：

表 2-6-1　物料之分類與編號方式分類

大分類	次分類	序　號
×××	×××	×××

⑵外購原料原大、次分類納入前 4 位數字，序號重編為 4 位數，而其他之廠商編號與件號去掉，僅在編號手冊與電腦文件內列出此項數據。

2.待一切大致上軌道後，再全盤修改物料之分類編號，其方法如下：

⑴由各工廠的工程人員（修護人員）將機器（設備）的維護零件（材料）依機器類別，依次列述其名稱與詳細規格。

⑵物料分類編號之層次

第一層分類：依用途將物料分為：

①主要原料。

②副料。

③半成品。

④成品。

⑤機器（設備）維護零件（材料）。

⑥辦公用品。

⑦其他。

其編號依次為，01、02、03、04、05、06、07。

第二層分類：依使用或產生地方分類

按：01、02、03…………編號詳見下表：

表 2-6-2　依使用或產生地方分類

類別	射一場	射二場	擠壓場	碎料回生場	編一廠	編二廠	修護場	共同用料
編號	07	06	05	04	03	02	01	00

凡屬於兩個單位以上其用之物料均化歸於共同用料。

第三層分類：依機器類別或產品(半成品)名稱。

表 2-6-3　依機器類別或產品(半成品)名稱分類

類　　別	機 器 甲 專用物料	機 器 乙 專用物料	機 器 丙 專用物料	機 器 丁 專用物料	……	共同用料
編　　號	01	02	03	04	……	00

第四層分類：依零件名稱規格或產品(半成品)之規格，以四位阿拉伯字母來編號。

步驟三

要妥善規劃倉庫空間

1 倉儲空間的規劃

1. 決定倉儲部門位置時應考慮的因素

貨倉部門位置因廠而異，它取決於各工廠實際需要情形，但是在決定貨倉部門位置時，應考慮以下因素：物料容易驗收；物料進倉容易；物料儲存容易；在倉庫容易工作；倉儲適合而安全；容易發料；容易搬運；容易盤點；有貨倉擴充的彈性與潛能。

貨倉區位的規劃設計應滿足以下要求：

⑴倉區要與生產現場靠近，通道順暢。

⑵每個倉區都要有相應的進倉門和出倉門，並做明確的標牌。

⑶貨倉的辦公室盡可能地設置在倉區附近，並有倉名標牌。

⑷測定安全存量、理想的最低存量或定額存量，並有標示牌。

⑸按存儲容器的規格，樓面載重承受能力和疊放的限制高度，將倉區劃分若干倉位，並用油漆或美紋膠在地面標明倉位名、通道

和通道走向。

　　⑹倉區內要留有必要的廢次品存放區、物料暫存區、待驗區、發貨區等。

　　⑺倉區設計須將安全因素考慮在內，須明確規定消防器材所在位置，消防通道和消防門的位置，救生措施等。

　　⑻每個倉區的進倉門處，須張貼《貨倉平面圖》，反映該倉所在的地理位置、週邊環境、倉區倉位、倉門各類通道、門、窗、電梯等內容。

2.怎樣決定正常的倉位大小

　　物料儲存數量可以決定物料應保存倉位的大小。最高存量、最低存量與正常存量三項不同的數字會影響到倉位大小的決定。

　　倉位大小若取決於最低存量，則顯然倉位太小，物料常出現為騰出倉位而輾轉搬運或無倉位的現象。

　　倉位大小若取決於最高存量，常會造成倉位過大的現象。因此通常以正常存量決定倉位的大小比較合適。

　　零星分散眾多小倉庫造成管理困難。而倉庫的集中管理有以下各項優點：

　　⑴較易節省倉位，同時倉庫及其辦公室或附帶設備所佔的面積比例減少。

　　⑵使呆料情形減少，由於存料可互濟有無，可減少安全存量，因而提高物料的週轉率。

　　⑶對倉儲管理工作較易指揮與監督。

　　⑷對於物料編號統一有莫大幫助，而且對料賬處理工作的管理較易進行。

　　⑸對倉庫的盤點較易推行。

⑹易發揮倉儲管理的功能，易引進先進的搬運或儲存設備。

⑺對物料品質與安全維護較易收到效果。

⑻對物料計劃較能順利推行，並可實施批量採購而獲得大量採購的利益。

3.總庫與分庫問題

在一般工廠內，倉位佈置最常見的問題為分庫設立問題。工廠設分庫最主要的理由為：工廠面積遼闊，且通常分成數個工廠，若每次領料均要到總庫房，則須損耗相當長的時間，頗不經濟。

一般工廠均將各工廠經常性之耗用物料分置於各工廠之場庫（分庫），而由分庫控制此類物料，但此種方法弊病甚多。例如：物料存量控制難以確實；盤點工作繁難；因總庫與分庫均需記錄，所以登賬作業繁雜等。

如果將物料在一處管理而不設分庫，也有其利弊。其優點有：①監管方便，僅需較少之倉管人員。②所有物料管理人員，彼此接近，較易熟悉料情，一旦請假或公差，容易請人代理而不礙工作。③因大量儲存，可有合理的倉位佈置，與更有效的利用儲存設備。④盤點容易。

其缺點有：①倉庫離耗料單位較遠。②緊急之需要無法迅速供應。

工廠是否設立分庫只有依據實際情況，折衷利弊再決定。

貨倉空間的調配在於將倉儲空間作最好的有效利用。它的目的在於：密集的空間利用，即最大的實用率，減少倉儲成本；物料容易取得，即收發料非常方便；物料管制的最大基礎；物料安排最大伸縮性；物料的完全防護。

2 倉庫佈置的設計流程

　　企業的經營愈來愈重視管理方面的問題，但一般所提及的管理大都較偏重於財務、生產及市場方面，而對於物料管理方面則較容易疏忽，尤其在倉儲方面更是一個較易被人遺忘的地方。由於不良的倉儲佈置及設計，降低物料存儲的效率，使企業每年都浪費了無以數計的金錢，良好的倉儲設計可以使企業獲得更重大的利益，以提高獲利能力。例如：減少搬運時間，以降低人工成本；物料儲存正確，提高倉儲空間週轉之能力；減少物料受損之機會；防止及減少偷竊之發生；節省寶貴的儲存空間；減少倉庫之建造成本及維護成本。

步驟一：確定儲存物體之形狀、尺寸及重量

　　任何倉儲之設計與佈置，需先考慮到二個物料實體上的問題。第一是物料之形狀及尺寸大小。物料之形狀，尺寸是決定所需儲存空間的主要條件。不同的物料有不同的尺寸、空間的需求。例如：方形的物料箱、板墊，圓形的鋼鐵線圈，鋼胚，圓筒形之地毯，不規則形狀之引擎。不論是何種形狀，必須先決定一個最小之單位儲存空間，當然若儲存的物體種類很多，則也需要考慮到不同的單位儲存空間。然而過於考慮多種不同的單位儲存空間，在此計劃階段中是不必要的。僅只考慮最大物體的尺寸、長、寬、高即可。第二個考慮的是物體的重量，因為它會影響倉儲物架的結構需求。僅考慮最大單位重量的物體即可。

步驟二：決定需要多少儲存空間

在任意一段時間內所欲儲存最多的物體之存量，可以決定所需之總儲存空間之需求。總儲存物體是包括所有不同的物體。決定最大儲存物體之數量是根據現在的生產量再加上未來之預估需求量而成的。

步驟三：決定倉儲每小時存提數量

存提速率與生產或出貨速率成直線關係。存提速率之決定是很簡單的。以最大的存提速率來做為倉儲的存提速率以提高倉庫的營運速率，不要以任何的平均每小時之需求量來做為根據。

步驟四：決定所需搬運機具及「儲存架列」數量

由每小時所需之存提速率，可以決定所需之搬運機具之形式及數量。以「自動存提式」之物料搬運機具來說，假設其每小時可以做 35 次的存提物料之工作，那麼所需之機具數量為：

機具之選擇原則上要採用效率最高者。此外尚須考慮到倉庫進出的頻率分配情形來決定機具的選擇。一部搬運機具可以供給許多條通道使用，也可以專門固定在某一條通道上使用。在一條通道配置一部機具之情況下，每一部機具可以供給兩列儲存架列之用。因此，如欲決定此一倉庫所需之儲存架列數量，僅需將機具數量乘以 2 即可。

$$\frac{\text{所需搬運}}{\text{機具數}} = \frac{\text{物料所需之存提速率(次/每小時)}}{35(\text{次/每小時/機具})}$$

步驟五：決訂單位儲存高度及倉庫高度

一般倉庫高度的範圍都在 30 尺～90 尺間，視儲存高度及儲存數量而定。從經驗中得知，最有效率的高度是在 50 尺～70 尺之間。

倉庫高度的決定必先決訂單位儲存之高度。假設物體之實際尺寸為長、寬、高各 4 尺，則單位儲存高度除了 4 尺以外，尚須加上 6 尺～9 尺之寬放高度供搬運機具存提物體之用，以此單位儲存高度除以倉庫之高度再減一，就可得知多少層的單位儲存高度，亦即多少層的儲存位置。減去一個單位儲存高度是做為天花板及地板之間隙之用；以 70 尺高度之倉庫為例，其儲存架層數如下（採用 6 尺寬放高度）：

70 尺÷單位儲存高度(40 寸＋6 寸)＝15－1＝14 層單位儲存高度

步驟六：決定所需「儲存架」數

採用下列計算公式即可：

$$所需「儲存架」數 = \frac{所需儲存的數量}{2×搬運機具數×單位儲存高度層數}$$

例：

$$72 個儲存架 = \frac{10000 個儲存單位}{(2×5 部搬運機具×14 層儲存高度)}$$

步驟七：決定倉庫長度

倉庫長度之計算，須先決定「儲存架」之長度。「儲存架列」之長度即為在同一列上所有「儲存架」之總和。因此，須先計算單位儲存架之長度，單位儲存架長度為單位物體長度加上機具存提操作所需之長度及儲存架支柱之長度。例：設單位儲存長度為 41/2 尺，則 72 個「儲存架」之「儲存架列」長度為 41/2 尺×72＝324 尺。理想的「儲存架列」之長度為介於 250 尺～400 尺之間，以便使搬運機具達到最高的使用效率。上述僅考慮到「儲存架列」之長度，整個倉庫的長度須再加上搬運機具操作時所需之長度及空間之需求。

步驟八：決定倉庫寬度

要決定倉庫之寬度必須先計算「單位通道」之寬度。一個單位通道之寬度包含一個通道及相鄰兩邊之「儲存架」之寬度，因此一個「單位能道」之寬度以物品之最大寬度乘以三倍再加上「寬放寬度」即可。將「單位通道」之寬度乘以全部之通道數即為整個倉庫之寬度。例如一個倉庫有五個通道，則其倉庫寬度為：

單位通道寬度＝物品最大寬度×3＋寬放寬度

(13.25 尺)＝(4 尺)×3＋(1.25 尺)

倉庫的寬度＝單位通道寬度×通道數

66.25 尺＝(13.25 尺)×(5 個)

因此，整個倉庫的寬度約為 67 尺。

步驟九：成本預估

成本之估算最好能同時採用「高估」與「低估」兩種，如做預算時僅能採用一個數據時，則可以以二者之平均值來表示。

3 倉位編號

在現實的倉儲管理中，常常聽說有發錯貨、發串貨的情況發生。這其中難免有倉庫管理人員粗心大意的主觀成分，而最主要的、客觀的因素應該是倉庫貨位與標識不清，貨物堆放無規則。打個比方，如果指定一個倉管員去某個貨位取貨，如果說他走錯了貨位，拿錯了東西，這完全是人為因素造成的。而如果他既沒有找錯貨位，也沒有看錯標識，卻拿錯了東西，這就是管理的問題了。

同理，如果你告訴一個倉管員，讓他去他所管理的庫房找某種物品，而不告訴他該物品堆放的位置，那麼這就應該看這位倉庫管理人員的管理業務水準了。如果他責任心強，即使不識貨也應知道這個東西放在某個貨位，因為他在此入庫時就會做好記錄，給這個物品做以特殊標記；如果技術水準高，管理上他也更是會井井有條，完全可以做到百裏挑一，即便是同類物品不同規格，也不會拿錯，但當庫存貨品的數量和品類日益增加，倉管員流動頻繁時，有能做到如此百裏挑一者，又談何容易；由此，不難看出貨位與貨位標示在倉庫管理中規範使用的重要性。

1. 倉位編號的意義與原則

因庫房中物料項目繁多，若未事先對倉位有系統的編號，以便明示各項物料儲存位置，則一旦耗用部門前來請領，倉儲人員就其記憶所及，前往找覓，費了大半天功夫，卻找不出所需的物料。為避免此弊病，多數倉庫均就物料的性質，分定其儲存區域。欲建立倉位編號制度，建立時須注意下列原則：

(1)依一定順序將物料的倉庫、雨棚、露天堆置場，實行分類並編號，且相互間需有明確的區別，使人一看即知其為那種類型。

(2)在編號之前，應先在儲存場地地面上，劃定標準儲存單位，標準儲存單位最好為方形，至其面積大小，可依儲存物料的性質與尺寸而定。

(3)倉位編號構成順序，宜有一定的系統，且此系統的決定應十分慎重，一經決定，盡可能經久不受。

(4)每一儲存區域與標準儲存單位，應有清楚的標誌，且需明顯易見。

2.倉位編號步驟

倉位編號的步驟如下：

⑴繪製所有儲存場地之平面圖。

⑵依上述之平面圖與倉位編號原則將所有儲存場地編號。

⑶將編號繪於地面上或標示牌上。（如圖 3-3-1、圖 3-3-2）。

圖 3-3-1　圓條料架倉位編號標誌　　圖 3-3-2　架眼式倉位編號標誌

 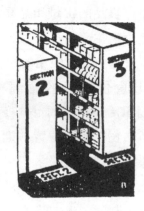

⑷將物料架、物料櫃或其他儲放設備，加以編號，並在其上面以卡片標示出來或直接將編號漆於其上。

⑸編制儲存場地之編號手冊。

3.倉位編號之實例說明

依據 H 公司倉庫之佈置情況，繪成平面圖，並予以編號，詳情說明如下：

方法：採四級分段制流程：

1.將物料庫分成五區，即 A.B.C.D.E 五區。

2.每一區內將料架予以分段即為 1、2、3……等段。

3.將料架由下而上予以分層，每層亦以 a b c……等標示。

圖 3-3-3　倉庫編號實例圖

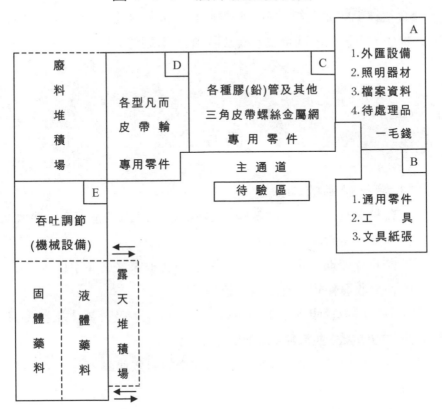

4.每層按其左右次序橫列分隔，每隔以 1、2、3 等數字標示。

5.將上面四項流程綜合，即可得詳細的倉位儲架編號。舉例說明：

A—3—a—4

區　段　層　隔

此 A—3—a—4 即表示該項物料位於倉庫內 A 區，第三排，物料架第一層，第四隔內，如此欲尋該項物料，可根據此項倉位儲架編

號立即在料架上尋得。

　　倉位經編號完成後，必須將號碼標識於儲架上，而以使用卡片方式較佳，卡片內記載倉位號碼及該項物料編號。

4 儲存設備

1. 儲存設備的功效

儲存設備為倉庫管理的基礎，良好的儲存設備能達到下述功效：

(1)有效利用倉庫儲存空間。

(2)防止儲存期中腐敗變質，及其它一切損害之必要手段。

(3)便於收發保管，提高工作效率。

(4)可以增進倉庫內的整齊美觀，使上級主管及外界人士獲得良好而深刻的印象，並激勵員工的工作情緒。

(5)良好的儲存設備，是庫房工作安全的有效保障。

2. 儲存設備的種類

儲存設備的種類如下：

(1)**架眼式料架**(Pigeon Hole Type.Closed or Bin Type)

其型態見圖 3-4-1。適用存放體積較小，重量較輕之零配件，其缺點為：上層搬物料較困難，光線不良，容易積塵，清掃不易，且架眼之間，完全隔開，無法調整倉位大小。

(2)**開敞式料架**(Open-Type Sheling)

優點甚多，最為常用之料器。其型態見圖 3-4-2。

⑶儲存條材之料架

儲放金屬管、塑膠管、木條……等長條形之物料的料架類別甚多，詳見圖 3-4-3 所示。

圖 3-4-1　架眼式料架　　　圖 3-4-2　開敞式料架

圖 3-4-3　儲存條材料架

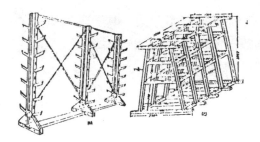 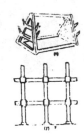 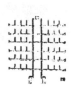

⑷**旋轉式料架**

此料架的最大優點為節省儲存空間，其型態詳見圖 3-4-4。

圖 3-4-4 旋轉式料架

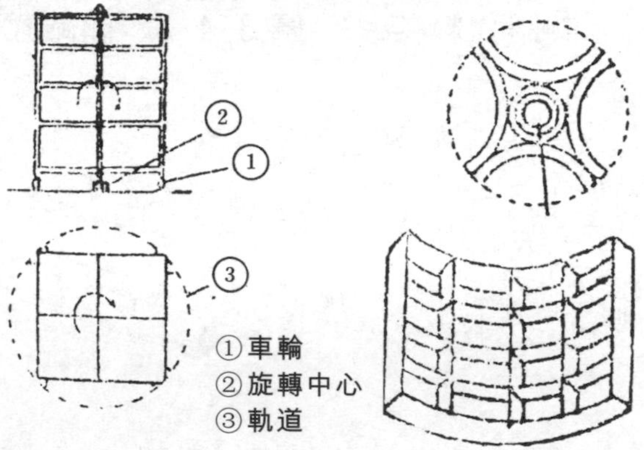

①車輪
②旋轉中心
③軌道

⑸**密封式料架**

此種料架之優點為保密且物料不易灰塵污染，其缺點為空氣不易流動，物料容易發黴，其型態詳見圖 3-4-5。

圖 3-4-5 密封式料架

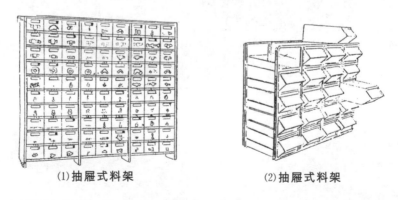

(1)抽屜式料架　　　　　(2)抽屜式料架

⑹**展露式料架**

為便於尋找而設計的料架常屬於此類，其型態詳見圖 3-4-6。

圖 3-4-6　展露式料架

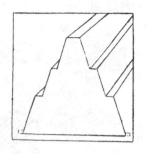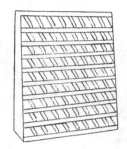

(7)其他類型之料架

詳見圖 3-4-7。

圖 3-4-7　其他類型料架

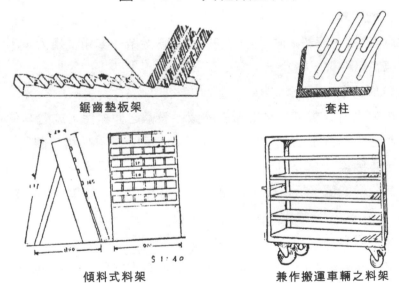

鋸齒墊板架　　　　　　　套柱

傾料式料架　　　　　　兼作搬運車輛之料架

(8)板台

選擇適當的儲存設備(詳見圖 3-4-8)，所需考慮的因素，可歸

納為下列數項：

圖 3-4-8　各種板台構造範例

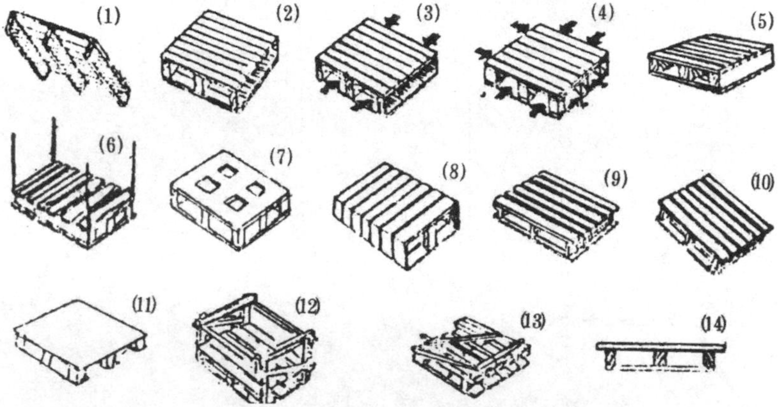

(1) (2) (3) (4) (5) (6) (7) (8) (9) (10) (11) (12) (13) (14)

⑴**具體因素**

形狀(汽體、液體、固體)，性質(散裝、易碎、笨重、龐大、不規則)，數量(件數、磅)。

⑵**無形因素**

即未來生產計劃可能之擴充或縮減，設備之伸縮性，或對其他用途之適應性，設備之持久性、安全狀況、設備之估計使用年限等。

⑶**成本因素**

包括設備購價、折舊費、維護費用、修理費用，每單位儲存費用等。

⑷**其他因素**

儲存設備與搬運設備必須要和諧一致，如此才有助於空間的充分利用，並提高物料搬運的效率，所以選擇儲存設備時必須考慮搬運設備的種類與型式。為儘量爭取儲存空間，並減低倉儲成本，近來常採取搬運設備同時作為儲存設備的方法。

5 貯物架的配置方法

製作貯物架的材料一般是角鐵，要再高檔一點就用鋁合金，製作方法是焊制而成。選擇用料的強度時要綜合考慮所存放物料的性質，確保當物料足額存滿後貯物架不會產生變形或損壞。

貯物架是倉庫最常用設施，有如下作用：

・增加物料的存放空間；

・減少物料存放中產生的擠壓；

・可以實現方便的存取物料；

・有利於物料的編碼和標識。

貯物架一般是長方體的構造，體形的大小尺寸要根據倉庫的大小和所存的材料特性決定。

圖 3-5-1　貯物架的構造圖

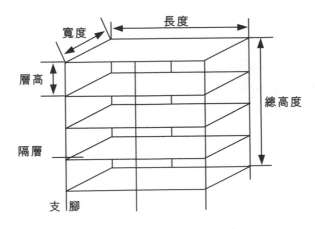

製作貯物架的三要素：

⑴高度，即貨架的總高度，關係到承載貨物的重量和存取的方便性；

⑵層高，即相鄰隔層之間的高度，關係到存放物料的大小；

⑶寬度，也就是貨架的深度，同樣關係到存放物料的大小。

貯物架是用來放置電子元件和相關材料，要求為長方體結構，體形緊固堅實、移動和停止方便。

某電子工廠的貯物架方案如下（單位是毫米）：

材料：40×40×5 的角鐵

高度：2500

層高：600

寬度：800

長度：5000

支腳高度：100

數量：60 個

顏色：湖藍色

要求：有滾輪並可以制動

1. 貯物架的種類

⑴常見的貯存物料的架子按其形式一般有如下幾種：

①活動式的貨架車；

②固定式的鋼木結構貨架；

③固定式的建築結構貨架；

④具有自動傳輸功能的自動架；

⑤封閉式的盒狀組合架。

⑵從使用中的配備角度上講，物管部管理的內容主要是指對活

動式的貨架車和固定式的鋼木結構貨架的管理。其他的管理責任一般有專職的設備維護部門負責。

2.貯物架的配備方法

貯物架應配備於倉庫內使用，應根據倉庫的面積、體積、位置等因素決定配備的數量，具體方法如下：

⑴貯物架的放置區域應標識明晰的界限；

⑵貯物架須整齊、規則並按一定的次序放置；

⑶貯物架最好是單排擺放；

圖 3-5-2　貯物架配備示意圖

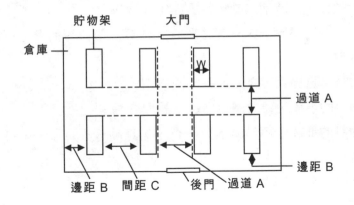

6 物料堆放有那些原則

物料堆放時，必須考慮下列原則：

· 多利用貨倉空間，儘量採取立堆放方式，提高貨倉實用率。

· 利用機器裝卸，如使用加高機等以增加物料堆放的空間。

· 通路應有適當的寬度，並保持裝卸空間，則可保持物料搬運的順暢，同時不影響物料裝卸工作效率。

· 不同的物料應依物料本身形狀、性質、價值等而考慮不同的堆放方式。

· 物料之倉儲要考慮先進先出的原則。

· 物料的堆放，要考慮存儲數量讀取容易。

· 物料的堆放應容易識別與檢查，如良品、不良品、呆料、廢料的分開處理。

1. 常見的物料堆放方法

(1)五五堆放法

根據各種物料的特性和開頭做到「五五成行，五五成方，五五成串，五五成堆，五五成層」，使物料疊放整齊，便於點數、盤點和取送。此方法適用於產品外形較大，外形規則的企業。

(2)六號定位法

按「庫號，倉位號，貨架號，層號，訂單號，物料編號」等六號，對物料進行歸類疊放，登記造冊，並填制《物料儲點陣圖》便於迅速查找物料的調倉。此方法適用於體積較小，用規則容器盛裝，

產品品種較少的企業。

(3)托盤化管理法

將物料碼放在托盤上、卡板上或托箱中，便於成盤、成板、成箱地疊放和運輸，有利於堆高車將物料整體移動，提高物料的保管並提高搬運效率。此方法適用於機械化倉庫作業的企業。

(4)分類管理法

將品種繁多的物料，按其重要程度、進出倉率、價值大小、資金佔用情況等進行分類，並置放在不同類別的倉區，然後採用不同的管理規定，做到重點管理，兼顧一般。

2.倉儲規劃說明

表 3-6-1　倉儲規劃說明

面積配置	1.倉儲總面積 2.公共設施規劃 3.有效面積計算	1.按材料基準存量及容量所需用的倉位，依供料對象存儲進出便捷性，規劃適用的儲存面積。 2.依倉儲結構、支柱、樓梯、走道、辦公場所等。 3.倉庫總面積扣除公共設施佔用面積為可用倉容。
料位設定	1.基準存量 2.收發頻率 3.料位設定與編號	1.存量高者可雙通道配置，存量低及零星材料用料架倉儲為宜，重量輕者可架高儲存。 2.收發頻繁的材料，應考慮進出倉裝卸便捷因素。 3.倉庫代號統一以 A、B、C……順序設定，儲位編訂，儲位編號原則。
堆疊方式	1.包裝類別 2.材料特性 3.供料方式 4.儲存工具	1.桶裝、袋裝、盒裝。 2.對耐壓性差的材料設定層況及承受的重量。 3.依供料工具，加高車，液壓堆高車設定堆疊方式。 4.依包裝類別、材料特性、供料方式選定木卡板，鐵架或儲櫃。
料品標示	1.材料編號 2.單位堆疊量 3.儲存說明	1.依請購單填寫材料編號，品名、規格、數量、入廠日期，並以月份顏色加以區分標示。 2.標示每一位置的最大容量。 3.合格(綠色)、待處理(黃色)、退貨(紅色)。

7 食品廠的倉庫佈局設計

P 廠是一家外商投資的中型食品企業，主要供應商和客戶均在國外。該廠採用訂單驅動的生產模式，產品品種多、批量小，所需的原材料品質要求高、種類繁雜，對倉庫的利用程度高，倉庫的日吞吐量也較大，因此，該廠選擇在距工廠較近的地方建造了自營倉庫，倉庫採用揀選區和儲存區混合使用的方式。

1. P 廠原倉庫及存在的問題

P 廠原倉庫有三層。一層和二層分別存放主料和輔料；三層主要用於存放成品，按照各個工廠來劃分儲存區域。一層用於存放主料，主料品質重、體積大，考慮到樓板的承載能力，將其置於一層是合理的選擇。由於每單位主料的重量均不在人工搬運能力範圍之內，一層的搬運設備主要為平衡重式堆高車。一層通道寬 3～4m，使堆高車可以在倉庫通過並且調轉方向。貨區佈置採用的垂直式，主通道長且寬，副通道短，便於存取查揀，且有利於通風和採光。

二層倉庫存放輔料，部份零散的物料使用貨架存放，節省空間。大部份物料直接旋轉於木質託盤上，託盤尺寸沒有採用統一標準。託盤上的物料採用重疊堆碼方式，其高度在工人所及的能力範圍之內。物料搬運借助手動託盤搬運車完成，操作靈活輕便，適合於短距離水準搬運。通道比一層倉庫窄，主通道大約寬 2m。

P 廠採用將儲存區與揀選區混合使用的佈局方法，給倉庫管理員及該廠的生產帶來了諸多問題和不便。首先，P 廠在確定所需要的倉

庫空間類型的時候，並未充分考慮本廠整體工作流程的需要。該廠倉庫的庫存物料始終處於不斷地變化之中，由於物料消耗速度不同，導致置於託盤上的物料高度參差不齊，很多物料的堆垛高不足1m，嚴重浪費了儲存空間。其次，倉庫管理員和領料員還是停留在以找到物料為目的的階段，未關注合理設計行走時間、行走路程及提高工作效率等問題。

圖 3-7-1　倉庫一層佈局　　　　　圖 3-7-2　倉庫二層佈局

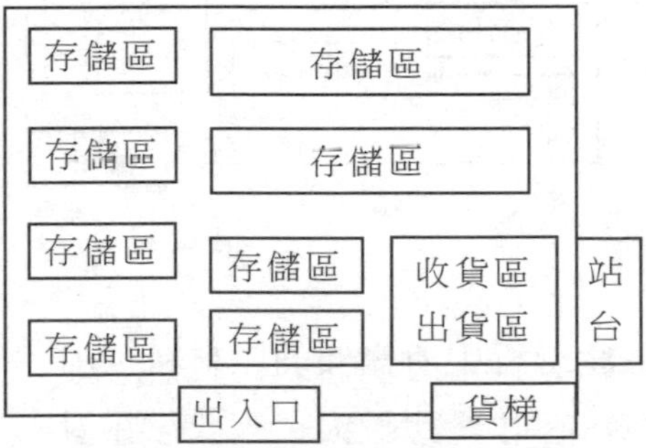

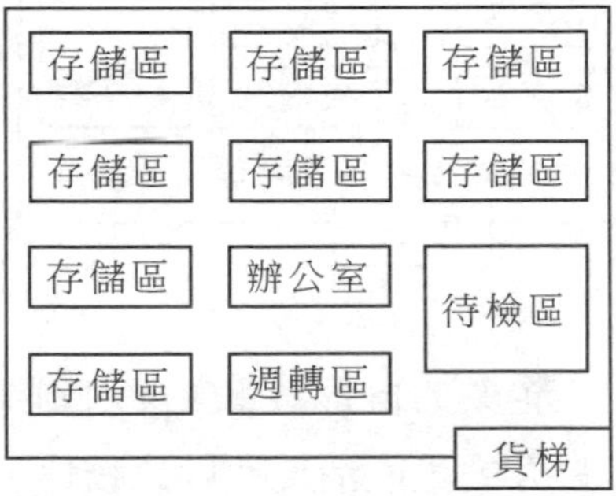

2. P 廠倉庫佈局的改進

首先，P 廠對於從國外購進的部份不合格原材料，需要批退或轉入下一個訂單時，不能與正常的物料混放在一起，需要專門設立一個不良品的隔離區，以區分不良品與正常品。其次，P 廠客戶對原材料的要求不同，可以根據客戶的要求設置特定的區域分別存放。P 廠倉庫小部份空間用於半永久性或長期儲存，大部份空間則暫時儲存貨物，因此，倉庫佈局應注重物料流動更快、更通暢。倉庫一層可以部份設立半永久性儲存區用於存放不經常使用的主料，部份空間用做揀貨區，用來存放消耗快、進貨頻繁的大客戶的主料。倉庫二層增設不良品隔離區放置檢驗不合格的原料和產品，並可在最深處

設置半永久儲存區存放流通量很低的物料；餘下空間作為揀貨區，以方便倉儲管理員快速行走。

圖 3-7-3　改進後的一層佈局　　圖 3-7-4　改進後的二層佈局

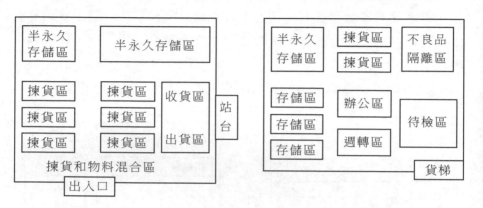

　　企業的自營倉庫主要用到這些生產過程中所需要的原材料，由於每天的生產消耗速度比較快，倉庫日吞吐量比較大，因此，在對企業業務流程分析的基礎上，將倉庫劃分為多個有效區域，並採用合適於中小製造企業的揀貨區與儲存區分開的佈局設計，這樣能夠降低倉庫內部的物流量與物流成本，進而提高企業效益。

案例 **倉儲位置的診斷分析**

1.現況

⑴主要原料及成品分類分別儲存庫房,露儲場,部份存放於工廠。

⑵零配件按射出機、吹膜機、制袋機等,分架定位存放,並懸掛標籤標示。

⑶其他一般物料與包裝材料,部份存放於器材架,部份堆置於地板上。

2.現況缺點

⑴露儲物料過分閒散,且未劃定區域。

⑵大量的危險品儲存於庫房與工廠。

⑶庫房空間極小,未有待驗區,且庫房結構不良,柱子過多、搬運操作不便。

⑷場庫有名無實,無法與總庫互相配合作業。

⑸庫房內無搬運工人,因此經常僱用臨時工。

⑹管理規章不完全,工作人員依慣例或個人嗜好處理倉儲作業。

3.解決辦法

依上述缺點提出四點綜合意見如下:

⑴宜於廠內偏僻地區建一庫房,以儲存危險物品。

⑵今後擴建廠房應避免有內部支柱。

⑶場庫功能與權責應加強。

⑷庫房內宜增設 1～2 個搬運工。

改善後的倉儲管理作業規章如下：

1. 本公司物料採用下列方式存儲：

⑴體積小、價值高、易散失、怕日曬雨淋的物料置於庫房內存儲。

⑵體積大、不易散失者，可露天儲放，並依物料特性判別是否需以帆布覆蓋。

2. 物管組設「物料庫」與露儲場，各工廠設「場庫」，分儲本廠全部物料及各工廠常用一個月零配附件與手工用具收發保管及登記。

3. 物料儲存應根據用途機型、類別、體積、重量、數量、包裝情形收發記錄及編號等有關因素，分別決定其儲存方式及地點。

4. 倉庫應視實際需要將其內部劃分為若干存儲區，並制定明顯標誌，露儲地區亦應劃分區域、標出編號。

5. 物料儲存須劃分區域，並分類、分項、分批整理，如用料架均編列其架號、層號、位號，並填寫於識別卡及庫存記錄卡內，以利尋找及迅速收發之作業，其近窗料架及堆存物料，須保持 0.5 公尺安全走道，並保持主支走道暢通及地面與環境整潔。

6. 儲存編訂原則以數字與字母交互使用。如 5A3B 代表第五號庫房內 A 區 3 號料架分層。

7. 倉儲人員應將物料存儲區（包括庫房與露儲場）與料架分佈情形繪製平面圖置於庫房（場庫）明顯之處。

8. 未經驗收之物料不得入庫。

9. 庫存物料，先進先發、推陳換新，其收發及存量情形，應隨時分別登記於「庫存記錄卡」內，經常與物料核對校正，對退貨品、寄存品及試驗用品等另處存管務期卡物合一，並注意下列事項之記

錄，求取料賬相符。

(1)成組成套物料，或一項物料有二件以上時，應記其件數於備考欄內，儘量使用標準包裝等為記賬單位。

(2)庫存物料，其品名相同，但其廠牌規格不同者應使用不同編號，以利收發。

(3)物料之單位及品名必須統一原有者，以物料編號冊為準，新增加者，以驗收報告表列為準。

(4)物料按批號（原料標記於散裝袋桶上）依先入先出原則撥發，並記批號號碼於庫存卡備考欄內以資查考。

(5)物料有定數包裝者，應標記並保持其整體包裝與排列以利查點，如拆零分發，應標記其剩餘數量並儘先發出。

10.危險品及易燃品，應維護其安全，其須專庫存放或切實隔離者，須適應其特性分儲之。在易燃品、危險品庫房未完成前，儘量利用庫房地下室分儲，並妥善保管以策安全。

11.庫儲物料，應嚴防盜竊，庫存物管人員須隨時巡視庫房，每日至少必須巡查兩次，如有短損，立即報告；如發現破漏立即應將其換補與清掃，如袋（桶）裝物料內有雜物，應立即抽樣封存報告，請技術組抽查同批物料，並會同工務組工廠鑑定。

12.庫儲安全，為主管及物料管理人員之重要職責，除遵守「庫儲守則」外，特應注意以下各項：

(1)火災之預防。庫存物料必須嚴防火災，尤以本廠易燃物料更為重要，庫內外應設置充足之滅火機、消防栓（箱）及警報系統與其他有效之消防設備，並隨時檢查其性能，更換滅火機裝藥，保持良好狀況，以利使用。

(2)煙火禁止。庫房內絕對禁止吸煙，並於明顯處標示「嚴禁煙

火」標誌。

　⑶安全維護。庫房內禁止混(夾)儲易燃物。倉庫內外電源設備，水電小組每月應作定期檢查及保養作業，倉庫人員離庫時，應隨手關燈、窗、門與上鎖，以確保安全。上下午下班前必須檢查庫房一次，並標記「庫房平面位置圖」及「禁止閒人入庫」，以利檢查及提高門禁。

　⑷乾燥通風。庫房應乾燥、並通風良好，必要時開窗對流，遇風雨或下班時，立即關閉，颱風季節更應作防範雨水進庫措施，並設置濕度表於地下室，每日記錄以供查考。

　⑸破損預防。庫房內應作防止蟲、鼠咬物料措施及門窗密閉以防鼠蟲入侵，預防物料損害，至於散裝袋之維護，應防止其破裂並注意及時之修復，除每次使用前後檢查外，避免久儲，盡速循環使用，必要的使用套蓋或套袋，防止磨擦或雨水侵入。

　13.倉庫內物料非經請領或借用不得擅自領發。

　14.任何憑證手續不全拒絕受理。

步 驟 四

商品搬運方法要管制

在產品生產的過程中，透過對搬運次數、搬運方法、搬運手段、搬運條件、搬運時間和搬運距離等，綜合分析，儘量減少搬運時間和空間，尋找最佳方法、手段和條件。生產中，搬運是發生頻率最高的物流活動，這種活動甚至會決定整個生產方式和生產水準。

1 搬運管理

把物料由某一個位置轉移到另一個位置的過程就是搬運。但是，如果僅僅是物品位移的話也許這個搬運就是沒有意義的，甚至有時是失效的。例如，當把冰搬運到冷凍庫時已經化成了水；把中午飯搬運到工地時已是午後 3 點鐘等。所以，對於搬運過程要強調一些原則。

1. 搬運原則

常見的搬運原則包括：

(1)搬運的時效性，即要遵守搬運計劃的規定，按時按量、準確而及時的實施搬運；

(2)搬運的品質，即要確保被搬運物料的品質不能降低，如不能發生性能損壞、物品變質等；

(3)搬運安全，即要確保在搬運過程中不能使人員、設備、物料等發生事故，如人身安全意外、設備損壞、物料丟失等，又要準確及時地完成搬運任務。

圖 4-1-1 搬運過程原理圖

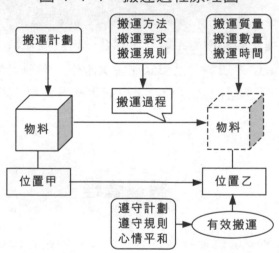

2. 搬運方法

依據作業手法的不同，在實施搬運時可採取以下三種方法。

(1)人工搬運。主要依靠人力，也包括使用簡單的器具和工具，如扁擔、繩索等。

(2)機器搬運。借助機械設備如推車、堆高車等完成物品的搬運。

⑶自動作業。即在電腦的控制下來完成一系列的物品搬運，如自動上料機、機電一體化傳輸系統等。

中小企業中，對於物料的搬運可將人工搬運與機器搬運相結合。在距離很近、物料重量很輕、數量很少的情況下，可使用人工搬運，其他的則使用機器輔助搬運。

3.搬運控制要點

物品搬運時，應把握以下要點：

(1)選擇搬運設備

使用與物料特點相適應的容器和運輸工具(如託盤、貨架、手推車、堆高車等)，加強對運輸工具的維護保養。

(2)使用作業指導書

搬運作業指導書是一種規範性文件，具體對搬運方法、搬運步驟、注意事項等進行了詳細規定，在實施搬運時必須嚴格按指導書要求進行。

(3)做好搬運防護

安全是實施有效搬運的前提，所以在搬運時必須做好各種防護工作。

- 物料搬運過程中，若通過環境有污染的地區，搬運時應進行適當的防護。
- 在工序間運送或搬運中，對易磕碰的關鍵部位提供適當的保護(如保護套、防護罩等)。
- 對易燃易爆等危險物料，應制定嚴格的搬運控制程序，並且在搬運過程中一定要小心謹慎。

(4)注意搬運標誌

在搬運物料的外包裝上都會有各種標誌，如小心輕放、防雨防

潮等標誌。在搬運時一定要嚴格遵循，否則就會影響物料的品質。

(5)減少搬運次數

暫時放置是增加搬運次數的首要原因。由於暫時放置，容易忘記，導致搬運的混亂，還會增加搬運次數。所以在搬運時盡可能實現搬運一次到位。

4.正確使用搬運作業指導書

(1)認識搬運作業指導書

〈搬運作業指導書〉是一種規範性的文件，它為搬運人員實施搬運作業提供了指導，並具有依據性。它的作用和要求如下：

①明確目的：為指示搬運方法，明確步驟，規範搬運作業，從而確保物料能夠得到妥善的搬運，故制定物料搬運作業指導書。

②明確範圍：本搬運作業指導書適合於所有在公司內發生的搬運和裝卸作業，也包括公司外部人員在公司內部進行的搬運和裝卸作業。

③明確權責：

‧物管部課長負責制定/修訂本指導書；

‧各級管理者有責任實行監督；

‧所有人員實施搬運時應遵守本作業指導書。

④搬運作業指導書應包括如下的內容：

‧搬運人員的職責；

‧搬運設備、工具的使用方法；

‧搬運方式選擇方法；

‧搬運過程注意事項；

‧搬運事故處理方法；

‧裝載物料的方法；

· 卸下物料的方法；
· 物料堆放方法；
· 特種物料搬運方法；
· 適當的圖示指引；
· 搬運安全事項。

⑤搬運作業指導書應屬於受控文件。由文控中心負責實施受控管理，在現場流通中應使用有效版本的複製文件。

(2)掌握搬運方法

搬運方法是為實現搬運目標而採取的搬運作業手法，它將直接影響到搬運作業的品質、效果、安全和效率。搬運方法應在搬運指導書中有具體體現。

①按作業對象可分為：

· 單件作業法，即逐個、逐件的進行搬運和裝卸。主要是針對長大笨重的物料。
· 集裝單元作業法，即像集裝箱一樣實施搬運。
· 散裝作業法，就是對無包裝的散料，如水泥、沙石、鋼筋等直接進行裝卸和搬運。

②按作業手段可分為：

· 人工作業法，即指主要靠人力進行作業，但也包括使用簡單的器具和工具，如扁擔、繩索等。
· 機械作業法，即借助機械設備來完成物料的搬運。這裏的機械設備不僅僅指簡單的器具，還應包括性能比較優越的器具，如裝卸機等。
· 自動作業法，一般是指在電腦的控制下來完成一系列的物料搬運。如自動上料機、機電一體化傳輸系統等。

③按作業原理可分為：

· 滑動法，就是利用物料的自重力而產生的下滑移動。例如滑橋、滑槽、滑管等。

· 牽引力法，即利用外部牽引力的驅動作用使物料產生移動。如拖拉車、吊車等。

· 氣壓輸送法，即利用正負空氣壓強產生的作用力吸送或壓送粉狀物料。如水泵、負壓傳輸管道等。

④按作業連續性可分為：

· 間歇作業法，即搬運作業按一定的節奏停頓、循環。如起重機、堆高車等。

· 連續作業法，即搬運作業連續不間斷的進行。如傳送帶、捲揚機等。

⑤按作業方向可分為：

· 水平作業法，也就是以實現物料產生搬運距離為目的搬運方法。如把物料由甲地運往乙地。

· 垂直作業法，也就是以實現物料產生搬運高度為目的搬運方法。如把物料由地面升到一定的高度。

⑥如何選擇搬運方法。

〈搬運作業指導書〉應對選擇搬運方法有明確的說明，以便搬運人員能夠迅速識別並作出選擇。

選擇搬運的方法可以說是實施有效搬運的先決條件。

一般情況下決定選擇性的主要因素包括人、機、料、法、環等「4M1E」的五個方面：

①人的方面指搬運人員狀況，包括人員的數量、專業程度、經驗技能、組織形式和用工方式等。

②機的方面指搬運設備狀況，包括設備的功能、能力、數量、完好程度等。

③料的方面指被搬運物料的特性，也就是它的物理性、化學性、技術性、精密性等。如：形態、體積、性質、重量、貴重程度、精細程度、包裝條件和防護性等。

④法的方面指要求的搬運作業量，如：搬運數量、行程、時間、成本等。

⑤環的方面指作業環境，如：氣候條件、白天或夜間、地形狀況等。

選擇搬運方法是為了良好地完成搬運任務。

圖 4-1-2　搬運的高效性

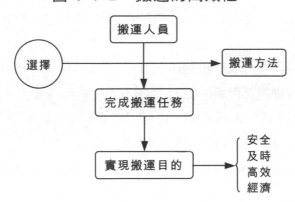

2 搬運作業規定

搬運作業規定之目的，是規範人員的搬運行為，實現標準化作業，特別適合於公司內部進行的搬運作業。

1.搬運紀律

⑴服從指令，聽從指導，顧全大局，統一行動，確保搬運工作有效。

⑵專職搬運人員工作時必須穿著工作裝，其他人員臨時從事搬運時應視具體的搬運內容由主任級別以上人員決定是否需要穿工裝防護。

⑶嚴禁未授權人員操作搬運工具。

⑷嚴格落實搬運計劃，遇有計劃不能完成時，擔當人員要事先向搬運組長或主任等人員通報，以便採取措施。

⑸杜絕野蠻裝卸，嚴禁坐臥被搬運物品。

⑹作業過程中不準偷懶、走開、脫逃、睡覺等，不準偷拿被搬運物品。

⑺嚴格遵守各種登記、檢查的規定和制度。不得無理取鬧。

2.搬運作業指導

為了使搬運更加有效化，應採用標準化的搬運方法，對搬運作業進行規範和指導，避免錯誤操作和不規範操作，進而保證搬運作業的效率和品質。

搬運作業指導包括裝箱規範、運輸規範、搬運安全規範等。通

過對物料搬運的各個環節進行圖示化規範，直觀地指導作業人員，使作業現場的物料裝載和搬運達到高效、規範的目的。

3.工作精神

⑴作業中必須精神飽滿，不得散懶、打瞌睡、萎靡不振。

⑵保持平和的心態搬運，不得因賭氣、發洩等因素在工作中粗暴搬運。

⑶要像愛護自己的手一樣，愛護被搬運物品。

4.工作作風

⑴搬運是一個過程，這個過程中一定要實事求是，堅持原則。

⑵自己做的工作自己負責到底，不推卸責任。

⑶工作做到家，搬運搬到位，不留後遺症。

5.工作要求

⑴工作配合要求。在搬運中要積極合作，不論分工如何，所有人員必須全力投入、默契配合。

⑵保質保量完成搬運任務，搬運作業中遇有困難事項時要積極採取對應措施，不能解決時要及時報告上級。

⑶搬運大件物品和特殊物品時要專門指定監督人員或指揮人員。

⑷按規定使用各種搬運器具，不得胡亂使用，不得超載。

⑸堆放物品時要嚴格執行相關規定，如高度限制、區域、層次等。

6.獎懲規定

⑴預防發生搬運事故或阻止事故擴大者，視其性質給予一定的獎勵。

⑵屢次積極完成搬運任務者給予適當獎勵。

(3)檢舉、揭發和阻止惡性搬運行為或其他不良行為的給予適當獎勵。

(4)搬運事故的肇事責任者要承擔相應責任,並視其性質給予一定的懲罰。

(5)經常不能按時完成搬運任務者給予批評、訓導或懲罰。

(6)夥同他人製造惡性搬運行為或發生其他不良行為的給予適當處分。

7.安全規定

(1)搬運場所嚴禁煙火。

(2)搬運易燃易暴品時要充分閱讀物品說明書後才可以進行。必要時可以安排適當的技能培訓。

(3)發生搬運事故時要優先搶救傷員、積極保護物品和財產安全。

(4)搬運中發生物品被摔倒或碰撞等現象時要及時向關聯部門通報,以便他們決定該物品是否需要重檢。

(5)定期檢查搬運器具,及時消除隱患。

(6)遵守各種安全規定和制度,確保搬運作業安全。

8.注意事項

注意貨倉空間的調配在於將倉儲空間作最好的有效利用。它的目的在於:

(1)密集的空間利用,即最大的實用率,減少倉儲成本。

(2)物料容易取得,即收發料非常方便。

(3)物料管制的最大基礎。

(4)物料安排最大伸縮性。

(5)物料的完全防護。

3 特殊物料的搬運法

特殊物料是指那些具有特殊的物理性、化學性、技術性以及其他方面性能特性的物料，在搬運時需要按特殊要求進行。這些物料包括：

⑴危險品，如汽油、橡膠水、炸藥、壓縮氣體、液化氣體等；

⑵劇毒品，如農藥；

⑶腐蝕品，如硫酸；

⑷超長、大、重物料，如橋樑、管道、大型設備等；

⑸放射性物料，如射線器械；

⑹貴重物料，如金、銀、玉器等。

1. 特殊物料的搬運方法

因為特殊物料的搬運有效性對搬運過程具有重大影響，如可能導致人身傷亡或造成重大財產損失，所以，對這類物品的搬運要格外慎重，必要時專門處理。下面介紹的一些方法可以參照：

⑴搬運人員方面：確保人員技術熟練、經過專門培訓、體檢合格；

⑵搬運班組方面：由挑選的合格人員組成，並指定具體負責人、明確職責；

⑶裝卸現場方面：設置防爆照明燈、防護管理措施；

⑷配備合格的專用工具，如油罐車、冷藏車；

⑸裝卸開始前要全面確認，消除危險隱患；

(6)作業開始前要根據有關的專業要求進行必要的防護，並做好消防措施、傷員搶救和其他緊急對應措施；

(7)作業中要嚴格執行作業標準和有關要求，如有必要，有些搬運操作應在技術專家的全程監督下完成；

(8)運輸途中要監視，嚴防意外發生。如發現有隱患存在時要及時採取處理措施，防止事態擴大；

(9)擺放前和卸車後要認真清掃貨位和車輛，並按有關規定酌情處理；

(10)以認真的態度搬運是一切搬運工作的基礎，但對於搬運特殊物料則顯得更為重要。

2.特殊物料的搬運要求

(1)爆炸品的搬運要求

①裝卸車時詳細檢查車輛，車廂各部份必須完整、乾淨和乾燥，不能殘留酸、鹼等油脂類物品和其他異物；

②作業前檢查危險品的包裝是否完整、堅固，使用的工具是否適合、良好；

③要求參加作業的人員禁止攜帶煙火器具，禁止穿有鐵釘的鞋；

④搬運交接物料時要手對手、肩靠肩，交接牢靠；

⑤裝卸時散落的粉、粒狀爆炸物要及時用水濕潤，再用鋸末或棉絮等物品將其吸收，並將吸收物妥善處理。

(2)氧化劑的搬運要求

①裝車時車內應清掃乾淨，不得殘留酸類、煤炭、麵粉、硫化物、磷化物等；

②裝卸車前應將車門打開，並徹底通風；

③散落在車廂或地面上的粉狀、顆粒狀氧化物，應撒上沙土後，

再清理乾淨。

(3)壓縮氣體和液化氣體的搬運要求

①使用專用的搬運器具，禁止肩扛或滾動；

②搬運器具、車輛、手套、防護服上不得沾有油污或其他危險物品，以防引起爆炸；

③鋼瓶應平臥堆放，垛高不得超過 4 個，禁止日光直射暴曬。

(4)自燃、易燃品的搬運要求

①作業時開門通風，避免可燃氣體聚集；

②對於桶裝液體、電石物品，若發現容器膨脹時，應使用銅質或木質的扳手輕輕打開排氣孔放出膨脹氣體後方可作業；

③雨雪天氣如防雨設備不良時禁止搬運遇水燃燒的物品；

④對裝運易揮發液體的，開蓋前要慢慢鬆開螺栓，並停留幾分鐘後再開啟。裝卸完畢，應將閥門和螺栓擰緊。

(5)劇毒品的搬運要求

①卸車前打開車門、窗戶通風；

②作業時應穿好防護用具，作業後及時沐浴；

③對使用過的防護用具、工具等，最好集中洗滌並消毒；

④患有慢性疾病的人員不能參加此項作業；

⑤人員的工作時間不宜過長，最好間隔休息，作業中如發現有頭暈、噁心等現象時要立即停止作業，並及時處理。

(6)腐蝕性物品的搬運要求

①散落在車內或地面的腐蝕品應以沙土覆蓋或海綿吸收後，用清水沖洗乾淨；

②裝過酸、鹼的容器不得胡亂堆放；

③作業前應準備充足的清淨冷水，以便人身、車輛、工具等受

到腐蝕時可以及時得到沖洗;

④裝卸石灰時應在石灰上放置墊板,不準在雨中作業,嚴禁將乾、濕石灰混裝一起。

(7)放射性物品的搬運要求

①由有經驗技能的人員在作業前進行檢查和簽定,以確認是否可以搬運,並指定裝卸方法和搬運時間;

②作業前作好防護,精力集中;

③作業後應立即將防護用品交回專門的保管場所,人員沐浴並換衣;

④人員沐浴、防護用品的洗滌等都必須在專門地點實施。

3.特殊物料的搬運器具選擇方法

對特殊物料的搬運器具要慎重選擇,如果選擇錯了,將直接威脅到搬運的有效性和搬運品質。

4.特殊物料的堆碼方法

堆放物料時須嚴格遵守各種包裝標誌,例如:

⑴箭頭朝上的指示標記;

⑵堆放/碼垛的層數標記;

⑶防潮濕標記;

⑷易碎標記;

⑸不準鉤掛標記等。

表 4-3-1　危險物品搬運器具選擇表

區分	搬運器具 配套器具	防爆堆高車				手推車				滑板	備註
		鷹嘴鉤	鷹嘴吊鉤	叉臂	托盤	大圓桶車	專用車	虎頭車	專用車	專用車	
包裝類別	木箱包裝	×	×	√	√	×	√	√	√	×	
	易碎品	×	×	×	×	×	√	√	√	√	
	紙箱包裝	×	×	○	○	×	√	√	√	×	
	條框包裝	×	×	○	○	×	√	√	√	×	
	大桶包裝	√	√	○	×	×	×	×	○	√	
	小桶包裝	×	×	√	√	×	×	×	○	×	
	布袋裝	×	×	×	×	×	√	√	√	×	
	其他袋裝	×	×	×	×	×	√	√	√	×	

註：「√」首選，「○」次選，「×」不宜。

　　具體的堆放物料的方法隨物品的種類、性質、包裝、使用的器具等不同而各不一樣，要區別對待。

　　使用專用堆高車時的注意事項：

　　⑴內裝瓷瓶、陶器、玻璃器皿的包裝箱不能使用防爆堆高車碼垛；

　　⑵使用防爆堆高車碼垛時鋼瓶應平臥放置，安全帽朝向一方、底層墊牢；

　　⑶大鋼瓶碼垛高一層，小鋼瓶碼垛不超過 4 層；

　　⑷使用防爆堆高車將臥放大鐵桶豎起時應有專人指揮；

　　⑸使用防爆堆高車將臥放大鐵桶碼垛 2 層以上時，應有專人認可；

(6)托盤上的物品應壓縫牢固，必要時用膠帶加固。

表4-3-2 危險物品垛方法條件表

區分	搬運器具	鷹嘴鉤/鷹嘴吊鉤				叉臂/托盤				備註
	垛高/層數	1層	2層	3層	4層	1盤	2盤	3盤	4盤	
包裝類別	木箱包裝	×	×	√	√	√	○	×	×	
	易碎品	×	×	×	×	√	×	×	×	
	紙箱包裝	×	×	×	×	√	×	×	×	
	條框包裝	×	×	×	×	√	×	×	×	
	大桶包裝	√	√	○	×	○	○	×	×	
	小桶包裝	×	×	√	×	√	○	×	×	
	布袋裝	×	×	√	×	√	√	×	×	
	其他袋裝	×	×	×	×	√	√	×	×	

註：「√」首選，「○」次選，「×」不宜。

5.超長、大、重物料的搬運方法

指的是長度超長、體積超大、重量超重的物料，例如大型機械設備、橋樑、鋼結構件等。這類物料搬運的最大隱患是安全。因此，一定要事先做好安全防護工作。

超長、大、重物料的搬運方法按如下步驟進行：

(1)選擇安全性能有保證的搬運設施，如橋式、門式起重機等；

(2)搬運重量不能超負荷；

(3)選擇安全性高、耐磨、強度高的索具，如鋼絲繩等；

(4)安全係數應不能小於規定值；

(5)器械在使用前尚須認真檢查、確認；

(6)選擇有經驗、技術熟練的人員操作；

(7)指定專人指揮；

(8)按計劃的步驟作業；

(9)作業完成後再確認安全性。

6.貴重易損物料的搬運方法

貴重易損物料的類別包括：精細的玉器、瓷器、藝術品，精密機械、儀錶，易碎的玻璃器具等。

搬運貴重易損物料時應注意如下幾點：

(1)小心謹慎、輕拿輕放；

(2)嚴禁摔碰、撞擊、拖拉、翻滾、擠壓、拋扔和劇烈震動；

(3)嚴格按包裝標誌碼垛、裝卸；

(4)理解並遵守各種要求；

(5)盛裝器皿應符合物性，必要時要專用。

貴重的金屬如金、銀材料，水銀、有色重金屬等因其具有價值巨大的特性，因此，有必要實施指定的方式搬運。

4 要如何改善搬運方法

搬運問題容易被疏忽，因此合理化較落伍。由於作業機械化、自動化或流程作業化，須重新檢討的時期已來臨。

不僅引進搬運機械，同時包含以配置問題為首的搬運專門化和確立整體的搬運體系進行檢討。

即從材料或零件進入材料倉庫之後，在生產過程中以半製品通過各制程，最後從成品倉庫發送成品的搬運，以及其有關作業一切都包含。在狹義方面，台有直接作業中的物品(材料或工具)處理，

即取物或放物或整理的動作。

表 4-4-1　作業現場常見的物料搬運方法

搬運方法	說明	適用範圍	優缺點
人工搬運	手搬、肩扛等	適用於物料體積小、數量少、品質輕、搬運距離短的情況	優點：簡單、方便 缺點：效率低，人工費用高，作業人員易疲勞
簡單工具搬運	使用手推車、工位器具等進行物料搬運	適用於物件小、數量大、短距離的物料搬運	優點：簡便實用，搬運效率高於人工搬運，不易造成人員疲勞 缺點：不適合大宗物料、較長距離搬運
機械化搬運	用堆高車、電瓶車、起重機等搬運	適用範圍廣，適用於大件、小件、長距離、短距離搬運	優點：搬運方式靈活、效率高、運輸量大、節省人力、適用範圍廣
自動化搬運	利用機械手、傳送帶、懸掛鏈、滑道等自動化設施進行物料搬運	適用於物件小、數量大、品質輕、短距離搬運	優點：效率高、節省人力 缺點：適用範圍有限

1. 為何要改善搬運

一般而言，搬運的改善有如下二種目的：

(1)減輕肉體的勞力

搬運作業以重勞動較多，因此要減輕。

(2)提高運作率

使直接人工運作率低落的最大原因是搬運，因此依據這方面的改善來提高運作率。

基本的改善方向——就以上的立場來看，搬運管理的改善應適用各種方法，基本上可分為三個方向：

①佈置的改善。

②搬運方法的改善。

③搬運制度的改善。

依第①項將搬運距離縮短，使搬運方法呈現容易化的狀態，再著手第②項的改善，但是若忽略第①項的改善效果會減半。第③項是從制度方面來看，不只促進①或②項，同時和工程管理或倉庫管理結合，有提高整體的效果。有關第①項及如前所述的第②和③項均同。

護士送飯的故事，護士到病房去送飯，最早期的醫院方式，護士開始是從食堂打一碗送一碗，每個病人都要四菜一湯，一頓飯不知道要跑多少趟，非常勞累。

後來建議使用託盤，一個託盤可以放四菜一湯，一次就能送一個病床的病人。再後來又有人建議使用小推車，一個小推車可以放好幾個託盤，這樣，一個病房裏所有病人的飯菜都可以一次送完了。這就是搬運優化原則的運用。

2.如何改善搬運方法

(1)搬運方法的改善實施順序

這是配合搬運對象或工廠性質從各種角度進行的，一般而言，以如下的順序實施：

①以人力難以搬運的重物用機械搬運。

②距離長的移動要使用車輛或機械搬運。

③載貨或卸貨要容易化。

④要使前述的諸作業的狀態減少。

傳統方式是滯留於①、②項居多，今後應改善為③、④項才行。像這樣的階段，說明了搬運方法的改善。

(2)個別搬運方法的改善——機械化

同時,將搬運作業機械化。最近開發了手推車、動力車(卡車、叉式升降機),上下裝置(提升機、起重機、升降機)各式各樣的工具,因此適用於搬運作業的性質。加上由於利用輸送帶和滑道,使搬運能自動化較理想。

在此情況中,適合於搬運物性質的容器或搬運機械的選擇最重要。

整理通路——為有效的利用搬運車,須整理通路。將工廠內的主要道路凹凸弄平、加以鋪裝。明確工廠內的通路畫白線,同時也要確保材料或半製品的堆放場所。

(3)提高搬運的活性

活性是易於移動的意思,與搬運有關所進行的上下移動或整理(數目、整束、並排、裝入箱中)的動作減少,才可活性。

活性以如下的順序逐次提高(數字表示活性指數):

①隨意放在地板上(須整理並抬高)。

②放在台上(易整理、抬高)。

③放在容器內(抬高)。

④放在手推車上(隨時可移動)。

⑤放在貨架上(可直接移動、裝卸)。

因此,在工廠內移動制程時,利用架台兼搬運車,在倉庫和現場間移動時,利用貨架或滑橇。同時,在倉庫入口裝卸卡車的裝卸場所中,做成月台式,採用貨車的車廂高度和地面同高的方式較理想。

(4)要總合性且合理化

為推進前項的改善,適用範圍須從制程內擴大到全體工廠,若

一部份的制程有較佳的改善案，但影響到其他有關的制程，須費更大的勞力或手續的話則無意義。

①利用適正的容器

數量多時整理在固定的容器一次搬運，將此容器直接放在台上，在作業中可取出放入的話，則可節省整理的時間。若做連續性的量產時，更要進展到採用專用的定量容器。

②單位貨運制

將前述說明的容器方式使用於全工廠，從材料倉庫到各制程間一貫搬運。在此情況中，容器的形狀尺寸須適合於搬運車或倉庫棚架的放置位置。

③貨盤運輸體系

最近較大量使用叉舉車搬運，因此搬運容器時要考慮使用貨架。有關這點，作為容器貨架的滑橇型容器，容易做立體上的堆放，因此對空間的節約有幫助。

④排除連接搬運

既然能以貨運整批搬運，卻還要以手工搬運到作業位置或再搬入小型的手推車中搬運，此方式甚不合理。對於這個問題，要採用作業位置可一貫搬運的才理想。

不論如何，嚴禁放在工廠內的地板上，因此工廠內的搬運利用放置台兼搬運車較有效。

3.搬運制度的改善

(1)搬運作業的專門化

最終階段不僅要節約直接的勞力，對直接工或工作機械的運作率提升也須研究。這是在使用機械的工廠中特別重要的。為減少直接工的搬運，須使搬運負責者專業化，由於如此可期待如下的效果：

①直接工或機械運作率的提高(為減少搬運者曠工)。

②搬運機械的有效使用(促進機械化)。

③作業準備(調換的迅速化:為減少準備的搬運)。

④半製品的減少(促進制程間的搬運)。

多種少量生產的工廠中,將搬運管理和流程管理或倉庫管理的事務制度相結合,管理也可獲改善。以此看來,工廠內的搬運負責者屬於生產管理部門較理想。但是,搬運對象物的內容和直接材料以外的物品多時,工廠外搬運的比重增加時,可以將搬運負責部門獨立出來或列屬於資材部門。

(2)排除無效搬運

作業現場物料搬運時應當儘量避免無效搬運。無效搬運不僅會產生不必要的時間和人力浪費,間接增加生產成本,還可能增加物料損壞的幾率,降低物料的使用價值。因此,在搬運物料時,應當儘量合併搬運作業,減少搬運次數,排除無效搬運作業。

(3)優化路線

作業現場的物料搬運路線應當儘量縮短和簡化,盡可能地採用直線,避免迂迴和交叉,從而提高搬運效率,保持物流順暢,使物流與生產節拍充分融合。

(4)搬運作業的計劃化

隨搬運的專門化,使用大型的搬運車輛後,為有效的利用,須採用計劃的搬運方式。同時,實施「行車時間運轉」,每隔一小時或二小時,決定時刻巡　工廠內。調查搬運量的實際狀況,配合搬運的發生狀況決定巡　的路線。同時,採公司外搬運時(收貨或製品的發送),擬定配車計劃較理想。

案例　搬運方式的診斷重點

工廠顧問在調查倉庫的搬運工作時，會注意下列重點：

1.設備管理的現代化方針

⑴設備現代化的實施狀況如何？（現狀和將來的計劃，現代化的重點和特色、與同業者的比較）。

⑵設備計劃有新製品計劃、技術開發計劃、生產計劃別的調整嗎？（有否組合合理化計劃？）

⑶設備計劃有否配合預算？（隨日常作業改善所帶來的機械化和現有機械改造的預算有否考慮？）

2.設備管理的實施狀況

⑴機械設備的整備狀況如何？故障或老舊(性能劣化)所造成的低下影響程度如何？

⑵由於機械的修理、改造、專用機化可提高機能嗎？

⑶有否確立設備管理的制度？（專任者、設備賬卡、定期檢查等），有否使作業者本身來擔任？

⑷有否正確做設備配置的圖面(平面圖、配線圖、配管圖等)。

⑸工夾具有否集中管理？（工夾具的保管、借出制度、切削工具的集中研磨、治具或模具類的補修等）。

⑹計測器的管理是否適當？有否定期進行校正？

⑺對重要的機械設備有否做適當的管理？

①若機械的運轉停止，每日平均損失額為多少？

②長時期的故障停止時，有否考慮到繼續生產的應急對策？

③特殊機械的場合中,有否安排修理零件的庫存量?

④機械廠商的服務體制是否完備?(特殊機械或輸入品)。

3.設備管理的組織與營運

⑴有否確立設備管理的組織或業務負責區分?

⑵保全部門的能力是否完善?具有富實力的外包工廠嗎?

⑶保全負責者的技能是否完備?有否實施教育訓練?

4.有否掌握搬運的重點

⑴直接人工的運作率降低的主要原因,是否因搬運管理不完備所造成?

⑵從搬運的對象物來看,重點是什麼?(材料、半製品、製品、間接材料等)。

⑶對象物的搬運作業特性是什麼?(重量、體積大、數量多、種類多、頻率、處理煩雜等)。

⑷空間條件是否有問題?(距離、上下移動、通路的狀況等)。

⑸有否搬運關係的問題?(車輛或容器不足,容器或打包不完備,損傷或遺失多、通路狀況不完備,搬運負責者的服務不足等)。

5.有否確立搬運管理的方針

⑴有否進行搬運作業機械化?(有否偏向重量搬運車輛、小型車輛或附屬器具、容器有無整備?附隨作業是否太多?錯誤是否頻發生?)。

⑵有否實施搬運作業的專門化?(直接人員的搬運有否減少?搬運的組織或制度是否適應實情?)

⑶有否實施計劃性的搬運?(在公司內有否運用搬運時間表,在公司外有否擬定配車計劃?)

6.搬運方法是否適當

⑴搬運機械的選定是否適當？（是否適合搬運對象的性質？）

⑵大型車輛或大型起重機的運作率高嗎？（利用方法有否改善的餘地、整備狀態是否良好？）

⑶有關之機器或設施是否充分維護？（有否依旋臂吊機、提升機、補助輸送帶、滑道、上下升降機而減少搬運附隨動作？）

⑷容器是否充分完備？（有否使容器或貨架標準化？對特殊品有否這麼做？）

⑸通路或堆放場所有否整備好？（有否因為沒有整備好而產生通路缺乏的情形？）

步驟五

倉庫人員的工作職責

倉儲單位的組織編制,要依照企業規模、企業性質、生產方式、管理水準等而定。相關人員的工作職責,都必須有所書面嚴格規定。

1 倉庫管理要做什麼

倉庫是儲存保管物料的場所,倉儲部連接著生產、採購、銷售與財務四個部門,在保證生產順利進行、降低物流成本等方面有著很重要的作用。

一、倉庫管理部門的工作項目

(1)現品管理

現品管理的主要目的是維護庫存各料項的品質與數量,而且要

保證物料可以便捷取用,以滿足生產所需。在品質方面,要講求環境因素,使庫存物料不因變質而導致報廢損失。在數量方面,則要防止流失或因數字本身的失誤影響到料賬的準確性。

(2)料賬管理

物料賬是依據永續盤點的會計理念和前期盤點量,再把入庫、出庫作業的各項傳票表單予以登賬,使料與賬在數量上一致,並製作出有關的庫存資訊報表,提供給生產、採購、會計等各部門及時、準確的資訊。料賬管理既是電腦化的基礎,也是盤點的依據。

(3)提供庫存資訊

在電腦化「整合系統」的環境下,庫存資訊既要具備稽核功能、統計功能,成為成本分析的基礎、資產分析的來源(如單價計價方式與庫存存值),也要提供其他重要的經營資訊(如呆料分析)。

(4)維持庫存品的品質

倉庫有責任保持庫存物料原有的品質,否則只有大幅縮短存倉時間以減少損失。生產需用時由供料廠商直接送達現場。

針對這項原則,倉儲人員一定要掌握先進先出的原則,對儲位元的環境(如溫度、濕度、灰塵,以及其他影響品質變化的各種因素)要進行深入的瞭解。

(5)呆廢料管理

倉庫管理可能沒有能力完全防止呆料的產生,但至少有責任想出辦法使呆料凸顯出來,也有能力使呆料及早活用;至於廢料的管理,道理相同。

(6)倉儲儲位規劃與執行

除非管理人員善加規劃,否則倉庫是不會自己變得很「系統」的。如果倉庫人員規劃不到位,某些物料就不易被找到,還會出現

將一物放置於兩處或多處的情況，造成備料工作上的失誤，也會造成備料工時損失，而且更浪費倉儲空間，更無效率；呆料也不易被發現。

(7)倉庫安全

倉庫安全管理是倉庫管理的重要組成部分。倉庫的安全工作貫穿於倉庫各個作業環節中，倉庫主管要深入、細緻地做好安全宣傳教育工作，提高相關人員的安全意識。嚴格執行安全制度，切實遵守裝卸、搬運、堆碼等人工或機械的安全操作規程，加強危險品的監督與檢查，嚴禁帶入火種，防止汛期水害，以減少財產、物資的損失，加速商品周轉。因此，倉庫管理的目的就是要及時發現問題，採取科學方法，消除各種安全隱患，有效防止災害事故的發生，保證倉庫中人、財、物的安全。

二、倉庫主管的日常職責

倉庫主管負責倉庫的日常工作，其主要職責如下。

(1)安排倉庫整體日常工作。

(2)倉庫的工作籌畫與進度控制，合理配置人力資源，對倉庫現場的各項工作進行嚴格監控。

(3)全面掌握倉庫原輔材料的庫存情況，根據生產進度制訂採購計畫，確保生產正常進行。

(4)定期將編制好的各種台賬報送財務部和生產部。

(5)督促倉管員做好各類台賬，並做好收料憑證、質檢證明等整理登記入賬工作，以便統計和核查。

(6)及時與採購員、保管員核對物料出入庫記錄，對物料的出入

庫要及時驗收、登記賬簿，做到賬物相符，發現問題要及時上報。

表 5-1-1 倉儲人員培訓計劃表

序號	培訓專案	培訓對象	培訓目的	培訓方式	培訓時間	組織部門	評估要求
1	倉庫、物流內部制度	倉儲部全員	瞭解倉庫內部制度	授課	＿＿月	各倉庫	能夠掌握採購部採購流程及相關制度
2	倉庫、物流崗位職責	倉儲部全員	熟悉各自崗位職責	自學	＿＿月	各倉庫	掌握崗位職責
3	相關文件和工作流程	倉儲部全員	深入理解ISO9000標準及工作流程	授課	＿＿月	倉儲部及各倉庫	瞭解和熟悉程序文件以及日常工作流程
4	溝通技巧	倉儲部全員	提高溝通能力	授課	＿＿月	倉儲部	提高主動溝通能力
5	倉儲管理知識	倉儲部全員	瞭解倉儲管理知識	授課	＿＿月	各倉庫	熟悉倉儲管理知識
6	原輔材料知識和保存、運輸要求	倉儲部全員	瞭解原輔材料特性和保管要求	授課	＿＿月	各倉庫	熟悉公司原輔材料
7	倉儲管理經驗交流	倉儲部全員	經驗交流	內訓	每月	倉庫	日常工作改善
8	搬運、儲存安全知識	倉儲部全員	瞭解搬運過程中的安全要求	授課	＿＿月	各倉庫	要求對工作安全作深入瞭解

(7)定期組織倉庫人員進行盤點，保證物賬嚴格相符。

(8)組織倉庫人員做好倉庫環境的改善工作，使庫存產品和物料的品質保持良好。

(9)組織倉庫人員做好出貨時的車輛安排、車輛費用控制等工作，確保出貨及時、準確、安全、高效。

(10)負責對倉庫進行分區管理，各類物料要分區放置，擺放整齊，做好標示。

(11)加強倉庫管理，做好倉庫安全工作。

(12)做好與其他部門的溝通與協調工作。

(13)對下屬進行業務技能培訓和考核，提高下屬的素質和工作效率。

(14)制定倉庫的工作操作流程和管理制度。

(15)簽發倉庫各級檔和單據。

2 倉庫管理的組織

一、倉儲管理組織形式

倉儲的組織形式不是憑空而來的，不僅要依據以上的工作內容，還要考慮到其他因素。具體因素如下：企業規模(規模越小，組織越簡單)、企業性質(例如電子廠、服裝廠的管理組織要複雜些)、生產方式存貨生產方式或接單生產方式、生產工序(工序越複雜，組織形式越複雜)、管理水準(管理水準越高的企業，組織形式越優

化）、硬體水準（機械化水準越高的企業，組織形式越簡單）。由於倉儲管理的組織形式存在著靈活多變性，因而倉儲管理的組織形式沒有一個固定模式。工作職責可以解釋為「收」、「管」、「發」三個字，以一家企業的例子來說明。

圖 5-1-1　某工廠的倉儲組織架構圖

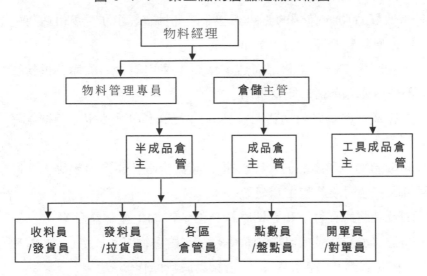

二、倉儲經理職責

（一）關鍵業績指標

1. 職責概述

在生產總監的領導下，制定倉儲管理的相關制度，組織物料、成品的進出庫管理，定期組織倉庫賬目與實物盤點工作，保證物料、成品存儲整齊有序、完好無損。

2.主要工作

⑴組織編制各項倉庫管理制度，經生產總監批准後實行，並對實行情況進行監督。

⑵分析物料和成品倉庫的空間、設備、人力與成品型態，擬訂完善的物料和成品倉儲管理方案與作業程序。

⑶做好倉庫庫存量的籌畫與控制，根據公司的生產和銷售能力，確定原材料及產品的標準庫存量。

⑷及時與工廠、銷售部溝通，保證生產用原材料的庫存供給和銷售部發送產品所需的庫存供給。

⑸組織做好倉庫內物料和成品的出入庫工作，按規定手續做好物料和成品的收發工作。

⑹編制物料和成品的入庫台賬、退貨台賬及庫存台賬等，並將相關台賬報送財務部和生產總監。

⑺及時將庫存積壓和過期原材料的情況向生產總監彙報。

⑻監督材料庫及成品庫的倉庫環境，檢查物料和成品的 5S 管理狀況，確保物料和成品的品質，確保易於倉庫作業。

⑼協同人力資源部門相關人員辦理下屬人員的考核、獎懲、職位升降等事項，提高下屬人員的工作能力。

⑽完成上級交辦的其他工作。

3.關鍵業績指標

⑴倉儲管理費用控制目標達成率

⑵庫存物資損耗率

⑶倉庫盤點賬實相符率

⑷倉庫事故損失額控制目標達成率

⑸倉儲設施完好率

⑹倉儲培訓計畫完成率

4.任職資格要求

(1)學歷

大學專科及以上學歷，倉儲管理專業、物流專業等相關專業。

(2)工作經驗

三年以上本行業倉儲管理工作經驗。

(3)能力要求

具備良好的邏輯分析、組織協調、倉儲管理、計畫執行等能力。

（二）考核指標設計

倉儲經理的主要職責是組織物料及成品的儲存、保管工作，加強庫區管理。其關鍵業績指標分為財務、運營、客戶、學習發展四種，其具體的考核指標設計如表 5-2-1 所示。

表 5-2-1　倉儲經理考核指標設計表

被考核者			考 核 者		
部　　門			職　　位		
考核期限			考核日期		

關鍵績效指標		權重	績效目標值	考核得分	
				指標得分	加權得分
財務類	倉儲管理費用控制	5%	考核期內，倉儲管理費用控制在預算範圍內		
	單位庫存成本降低率	5%	考核期內，單位庫存成本降低率達＿＿＿%以上		
運營類	倉儲物資損耗率	15%	考核期內，倉儲物資損耗率不大於＿＿＿%		
	庫存盤點賬實不符次數	15%	考核期內，盤點賬實不符次數不超過＿＿＿次		
	倉儲事故損失額	10%	考核期內，倉儲事故損失額不超過＿＿＿元		
	倉庫現場 5S 檢查合格率	10%	考核期內，倉庫現場 5S 檢查合格率達到＿＿＿%		
	倉儲設施設備完好率	5%	考核期內，倉儲設施設備完好率達到＿＿＿%		
客戶類	出庫工作延遲被投訴次數	10%	考核期內，因物料、成品出庫不及時而遭投訴的次數不得超過＿＿＿次		
	部門協作滿意度	5%	考核期內，相關部門協作滿意度評分達＿＿＿分		
學習發展類	下屬倉儲考核合格率	5%	考核期內，下屬倉儲考核合格率達＿＿＿%		
	倉儲培訓計畫完成率	5%	考核期內，倉儲培訓計畫完成率達到 100%		
	核心員工離職率	5%	考核期內，核心員工離職率控制在＿＿＿%以內		
合　　計					

被考核者	考核者	復核者
簽字：　　日期：	簽字：　　日期：	簽字：　　日期：

（四）績效考核細則

表 5-2-2　倉儲經理績效考核細則

文本名稱	倉儲經理績效考核細則	受控狀態	
		編　號	

一、目的

為明確工作目標和工作責任，生產總監與倉儲經理簽訂此目標責任書，以確保工作目標的按期實現。

二、雙方的權利和義務

1.土產總監擁有對倉儲經理的監督考核權，並負有指導、協助倉儲經理展開必要工作的責任。

2.倉儲經理負責倉儲管理的日常事務，要保質、保量地完成公司規定的相應工作，在工作上服從生產總監的安排。

三、責任期限

××××年××月××月～××××年××月××日。

四、考核頻率和考核得分計算

1.倉儲經理的考核為季考核與年考核相結合。季考核的時間為下一季的第一個月的 1～15 日；年考核時間為下一年的第一個月的 1～25 日。

2.考核得分=權重×分數。

五、考核內容和指標說明

通過分析倉儲經理的主要職責和工作事項，可設計出倉儲經理的績效考核指標體系。

1.倉儲經理的季考核辦法如下表所示。

續表

倉儲經理季考核辦法表

部門：		崗位：		年/季：____年第____季		
被考核人				考核時間		
考核指標	權重	考核標準			得分	考核人
庫房管理	30%	1. 因倉庫收發物料、成品原因影響生產、銷售的，一次扣20分 2. 因庫房管理不善造成物料、成品損失在 1000 元以上、3000 元以內的，一次扣 20 分 3. 因庫房管理不善造成物料、成品損失在 3000 元以上、5000 元以內的，一次扣 50 分 4. 因庫房管理不善造成物料、成品損失在 5000 元以上的，該項得 0 分				生產總監
庫存信息管理	20%	考核項目		得分		生產總監
		庫存信息記錄準確性(40%)				
		庫存信息管理規範性(30%)				
		庫存信息更新及時性(30%)				
庫存盤點相符率(X)	25%	說明：X=經盤點賬實相符的物資數量/盤點物資的總數量×100%				生產總監
		標準定義		得分區間		
		X≥99%		91～100		
		98%≤X<99%		81～90		
		97%≤X<98%		61～80		
		96%≤X<97%		41～60		
		X<96%		0～40		

主管綜合滿意度	25%	說明：直接上級對其季內其他工作職責執行情況的綜合評價		生產總監
		標準定義	得分區間	
		大大超過計畫要求，給公司帶來預期外的較大收益	91～100	
		超出計畫要求，超過公司預期目標	81～90	
		達到計畫的基本要求，完成基本目標	61～80	
		未能達到計畫要求，但尚未給公司帶來較大損失	41～60	
		未完成計畫，給開展正常工作帶來較大的消極影響	0～40	

季考核得分	
人力資源經理評價	簽字	
	日期	
生產總監評價	簽字	
	日期	

2.倉儲經理的年考核辦法如下表所示。

倉儲經理年考核辦法設計表

部門：　　　　　　　崗位：　　　　　　　年：＿＿＿＿＿年

被考核人			考核時間		

考核指標	權重	考核標準		得分	考核人
部門預算費用執行率（A）	20%	說明：A=×100%			財務經理
		標準定義	得分區間		
		A≤-10%	91～100		
		-10%＜A≤-5%	81～90		
		-5%＜A≤0	61～80		
		0＜A＜5%	41～60		
		A≥5%	0～40		

續表

員工滿意度	20%	說明：下屬員工對倉儲經理管理工作的綜合滿意程度			生產總監
		考核項目	權重	得分	
		對下屬工作任務安排的合理性	20%		
		對下屬授權的合理性	20%		
		對下屬工作目標的明確性	10%		
		與下屬溝通的充分性	30%		
各季業績平均指標	60%	說明：各季業績平均指標得分=各季平均分×權重			人力資源經理
		一季	二季	三季	四季
年綜合得分					
人力資源經理評價				簽字	
				日期	
生產總監評價				簽字	
				日期	

六、年目標責任獎懲規定

1.如倉儲經理在目標期限內基本完成責任目標，考核合格，則公司將在福利待遇、個人榮譽方面對倉儲經理進行回報；如倉儲經理考核結果優秀，除全額支付倉儲經理基本工資，按考核結果發放年獎金外，還將上調倉儲經理的下年基本工資級別。

2.如倉儲經理在目標期限內未完成指標，公司扣發基本工資的 20%作為處罰。如出現重大責任事故，公司有權對倉儲經理提出終止聘用合約，並停止一切工資福利待遇。

七、年報酬的計算方法和發放辦法

根據倉儲經理考核的結果計算倉儲經理報酬總額，倉儲經理報酬總額的計算方式如下。

1.倉儲經理年目標責任報酬=月基本工資×12+年獎金（月基本工資為××）。 2.年獎金：年基準獎金×報酬係數（年基準獎金為××）。 3.公司按月為倉儲經理發放月基本工資，年獎金則根據年考核確定的報酬係數發放，兌現時間為下一年1月的25～30日。 八、目標責任書的修訂和解釋 1.本責任書執行過程中，生產總監、倉儲經理都可根據實際情況提出對有關考核指標項目內容、評分標準、權重進行修訂調整的建議，修訂辦法由公司研究確定。 2.本責任書解釋權歸公司人力資源部。 生產總監 （簽章）：×××　　　日期：××××年××月××日 倉儲經理 （簽章）：×××　　　日期：××××年××月××日	

相關說明					
編制人員		審核人員		批准人員	
編制日期		修改處數		批准日期	

（五）關鍵問題解決

在對倉儲經理的考核過程中，工作業績的考核相對比較容易量化，但工作態度、職業素養類指標往往不易量化，沒有客觀、明確的評價標準，這就很容易給考核者的任意發揮留出空間，從而間接造成考核結果的不公正。

所以，對工作態度、職業素養類指標進行考核時，要事先明確界定評分的規則與要求，用描述性的語言對態度、職業素養加以界定，使評價具有連貫性，從而使考核者更容易對評價結果進行解釋。表5-2-3即是對倉儲經理的「職業素養」進行評分的例子。

表 5-2-3　倉儲經理的「職業素養」量化評分表

名稱	指標定義	評估		得分	
職業素養	遵守職業道德，工作中體現出客觀、公正、誠信、理性、專業、負責、理解、包容的態度	沒有	偶爾	經常	總是
1	不折不扣地完成本職工作，不以任何理由做藉口或托詞	0	1 或 2	3 或 4	5
2	對分工不明確的工作，主動承擔責任	0	1 或 2	3 或 4	5
3	以積極的心態遵守嚴格的工作標準和工作流程，接受審計監督	0	1 或 2	3 或 4	5
4	拒絕接受賄賂，包括所有損害企業利益的物質或非物質交換的私下行為	0	1 或 2	3 或 4	5
5	只要企業需要，隨時能投入自己的時間、精力和資源	0	1 或 2	3 或 4	5

3　物料倉儲主管職責

一、關鍵業績指標

1. 職責概述

在倉儲經理領導下，制定物料倉儲管理制度，督促下屬專員加強對物料的出入庫管理，做好物料保管、消防安全等工作，定期組織倉庫盤點工作，確保倉庫物料品質和數量符合要求。

2.主要工作

⑴在倉儲經理的指導下，確定物料的最低庫存基數，低於規定基數的，督促物料倉管員及時聯繫採購工作。

⑵組織物料倉管員接收所採購的物料，核對物料的品種、規格、數量，並協助品質檢驗人員的檢驗工作。

⑶結合實際情況擬定物料保管方案，監督檢查倉庫「12防」(防火、防水、防潮、防變質、防曬、防爆、防壓、防盜、防塵、防腐、防銹、防蛀)工作，確保入庫後的物料符合使用要求。

⑷嚴格監督品質管理體系運行規定和出入庫操作程序的執行情況，未檢驗或檢驗不合格的物料一律禁止入庫和發放出庫。

⑸切實抓好物料倉庫的 5S 管理和品質管理體系運行工作，做到物料堆放整齊有序，標識準確清晰。

⑹協助倉儲經理組織每週的 5S 檢查和每月的安全例檢工作，並及時落實整改工作。

⑺按時對物料倉庫進行巡視，並檢查物料倉管員的物料出入庫日記賬、庫存卡，是否及時正確上報原料日報表。

⑻組織物料倉管員在相關部門的協助下進行倉庫盤點工作，按規定填寫盤點卡，做到賬、卡、物相符。

⑼完成上級臨時交辦的其他工作。

3.關鍵業績指標

⑴物料入庫(出庫)差錯率　⑵倉儲物料破損率　⑶物料收發及時率　⑷物料倉庫巡檢次數　⑸物料各項台賬、報表出錯次數

4.任職資格要求

(1)學歷

大學專科及以上學歷，倉儲管理專業或物流專業等相關專業。

(2)工作經驗

一年以上生產企業物料管理工作經驗。

(3)能力要求

具備操作物料需求計畫(MRP)、企業資源計畫(ERP)等系統的能力，具有良好的執行計畫、組織協調等能力，有獨立分析和解決問題的能力。

二、考核指標設計

1.物料倉儲主管目標管理卡

根據物料倉儲主管的主要工作事項及上期實際業績的完成情況，在倉儲經理的指導下，填制以下目標管理卡(如表 5-3-1 所示)。

表 5-3-1　物料倉儲主管目標管理卡

考核期限		姓　名		職　位			員工簽字	
實施時間		部　門		負責人			主管簽字	
上期實績自我評價(目標執行人記錄後交直屬主管評價)							直屬主管評價	
目標的實際完成程度				自我評分	主管評分		(1)目標實際完成情況	
物料入庫差錯率為____%，比目標值高(低)____%						⇨1		
物料出庫差錯率為____%，比目標值高(低)____%								
倉儲物料破損率為____%，比目標值高(低)____%								
物料收發及時率為____%，比目標值高(低)____%								
物料倉庫按時巡檢次數為____次，與目標值相比，超出(相差)____次								

續表

物料台賬、報表出錯次數為____次，與目標值相比，超出(相差)____次				(2)與目前職位要求相比，其能力素質的差異
下期目標設定(與直屬主管討論後記入)				
項　目	計畫目標	完成時間	權重	
工作目標　物料入庫差錯率	比上期降低___%			
物料出庫差錯率	比上期降低___%			
倉儲物料破損率	比上期降低___%		2	(3)能力素質提升計畫
物料收發及時率	達到100%			
物料倉庫巡檢次數	按規定100%完成			
個人發展目標　參加倉儲管理培訓	參加率達100%，考核得分達___分			
參加個人領導力培訓	參加率達100%			

2.物料倉儲主管績效考核表

　　考核期結束後，考核人員可根據上述目標管理卡，對物料倉儲主管主要工作目標的完成情況、工作能力、工作態度進行評估，並填制相應的績效考核表(表5-3-2)。

表 5-3-2 物料倉儲主管績效考核表

員工姓名：_____　　職位：_____

部　　門：_____　　地點：_____

評估期限：自____年____月____日至____年____月____日

1. 主要工作完成情況

序號	主要工作內容	考核內容	目標完成情況	考核分數	
				分值	考核得分
1	確保入庫操作程序得到貫徹執行，確保不合格物料不入庫	物料入庫差錯率			
2	確保出庫操作程序得到貫徹執行，確保不合格物料不發放	物料出庫差錯率			
3	擬定物料保管方案，監督檢查「12防」工作，確保物料安全	倉儲物料破損率			
4	組織物料專員及時接收和發放物料，做好物料的出入庫工作	物料收發及時率			
5	按時巡視物料倉庫，並檢查物料專員的工作	物料倉庫巡檢次數			
6	做好物料倉庫 5S 管理工作，做到物料堆放整齊有序	物料擺放不合格次數			
7	物料專員配合有關部門做藥物料盤點工作	物料各項台賬、報表出錯次數			

2. 工作能力

考核項目	考核內容	分值	考核得分		
			自評	考核人	考核得分
溝通能力	是否能夠很好地傾聽，並能很快明白對方的想法；表達是否簡潔，使對方易於理解和執行				

續表

考核項目	考核內容		
問題解決能力	能否迅速理解並把握物料保管中出現的問題，並找到解決保管問題的辦法		

3.工作態度

考核項目	考核內容	分值	考核得分		
			自評	考核人	考核得分
團隊精神	是否積極配合、支援倉儲管理其他工作人員的工作，具有良好的團隊精神				
工作主動性	是否熱心關注本倉庫的工作狀態，主動協助倉儲經理開展工作，對倉儲管理工作經常提出建設性意見和建議				

請把您認為合適的分數填寫在相應方格內，如塗改，請塗改者在塗改處簽字，評後準時送交人力資源部。

被考核者(自評人)簽名：　　　　　直接上級簽名：

三、績效考核細則

表 5-3-3　物料倉儲主管績效考核細則

考核細則	物料倉儲主管績效考核細則		受控狀態	
			編　　號	
執行部門		監督部門	考證部門	

一、目的

1.通過制定客觀的考核標準，對物料倉儲主管的工作進行考核，進一步激發物料倉儲主管的工作積極性，提高物料倉儲主管的工作效率。

2.通過對物料倉儲主管的工作進行績效評估，倉儲經理有針對性地提出改進措施，提高倉儲主管的工作效率。

續表

二、考核頻率與時間

　　物料倉儲主管考核頻率為每季考核一次，時間為下一個季第一個月的 1～5 日，遇節假日順延。

三、考核指標與考核標準設計

物料倉儲主管的工作考核方法和具體的指標說明如下表所示。

物料倉儲主管考核指標與考核方法表

指標	計算公式/定義	工作標準	權重	信息來源	考核週期
物料倉儲費用達成率	實際發生的物料倉儲費用/計畫物料倉儲費用×100%	1. 等於目標值，得 100 分；每降低___%，加___分，最高可加___分 2. 超出目標值___%，不得分 介於中間的按線性關係計算	10%	費用明細科目及預算資料匯總	月統計季考核
收發料台賬登記及時	收料、發料台賬登記所耗費的時間	1. 等於目標值，得 100 分 2. 每超出目標值___小時，減___分 3. 超出目標值___小時，不得分	15%	收料、發料台賬	月統計季考核
物料出入庫單據傳遞及時性	24 小時內對處理完的單據進行傳遞	1. 等於目標值，得 100 分 2. 每超出目標值___天，減___分 3. 超出目標值___天，不得分	10%	工作記錄	月統計季考核
物料庫存週報及時提交率	1-延誤提交的物料庫存週報數/提交的物料庫存週報總數×100%	1. 等於目標值，得 100 分；每降低___%，減___分 2. 比目標值低___%，不得分	10%	物料庫存週報提交時間記錄	月統計季考核

物料庫存分析準確率	物料庫存分析報告無誤的份數/提交報告的總份數×100%	1. 等於目標值，得 100 分；每降低___%，減___分 2. 比目標值低___%時，不得分	10%	庫存分析報告	月統計季考核
物料定置管理合理性	物料倉庫現場管理狀況是否整齊清潔、堆放有序	1. 定置存放，物流有序，得分區間為 91～100 2. 大部份物料定置存放，物流基本有序，得分區間為 81～90 3. 未定置存放，擺放有序整齊，得分區間為 61～80 4. 淩亂，未定置存放，擺放不整齊但未佔通道，得分區間為 41～60 5. 很亂，未定置存放，擺放不整齊，通道不暢，得分區間為 0～40	10%	物料倉庫檢查記錄、定期盤點記錄	月統計季考核
物料庫存盤點賬實相符率	經盤點賬物相符的金額/盤點的物料總金額×100%	1. 等於目標值，得 100 分；每降低___%，減___分 2. 比目標值低___%，不得分	10%	物料庫存盤點記錄	月統計季考核
一年內要過期的倉儲物料金額	當期期末庫存物料中一年內要過期物料所佔的金額	1. 等於目標值，得 100 分；每降低___萬元，加___分，最高可加___分 2. 比目標值高___元，不得分 3. 介於中間的，按線性關係計算	10%	發料報表和物料庫存報表	月統計季考核

續表

倉儲物料損失金額	損壞的倉儲物料的賬面價值	1.等於目標值,得 100 分;每降低___萬元,加___分,最高可加___分 2.高於目標值___萬元,不得分 3.介於中間的,接線性關係計算	10%	物料庫存盤點記錄	月統計季考核
倉儲設施設備完好率	物料倉儲設施檢查得分	1.等於目標值,得 100 分;每提高___分,加___分,最高___分 2.低於目標值___分,不得分 3.介於中間的,按線性關係計算	5%	倉儲設施設備狀態檢查表	月統計季考核

四、考核實施和申訴

1.人事考核專員組織相關人員根據物料倉儲主管的實際工作表現,對照「物料倉儲主管績效考核表」對物料倉儲主管的工作績效進行評估,並將結果匯總,上交人力資源部。

2.人力資源部於審批結束後的五個工作日內將審批結果回饋給倉儲經理,由倉儲經理與物料倉儲主管進行績效面談。

3.考核面談在考核結束後七個工作日內進行,由倉儲經理安排績效面談,物料倉儲主管的個人考核資料對其本人公開。

4.物料倉儲主管對考核結果持有異議時,可在考核面談結束之後的兩星期內向人力資源部提出仲裁申請,由人力資源部在考核面談結束後的第三個星期內組織考核仲裁委員會仲裁。

5.考核仲裁委員會在聽取倉儲經理和物料倉儲主管的陳述、查閱有關記錄資料後做出裁決。裁決應在全體委員、倉儲經理和物料倉儲主管同時在場的情況下宣佈。此裁決具有最終效力。

五、考核結果運用

運用上述評分表進行考核後,根據評分結果計算考核結果,並依據公司制定的薪酬獎懲規定加以運用。

編制日期		審核日期		批准日期	
修改標記		修改處數		修改日期	

四、關鍵問題解決

在對物料倉儲主管進行回饋輔導時，倉儲經理要對物料倉儲主管的考核結果進行認真分析，找準其優點與不足，並擬訂改進建議。在回饋過程中，要善於觀察物料倉儲主管的情緒變化，以他人樂於接受的溝通方式贏得物料倉儲主管的認同，幫助其改進不足。例如，可以編制如下對物料倉儲主管的素質考核及個人發展建議表格（如表 5-3-4 所示），以更清晰、有針對性地與物料倉儲主管開展績效溝通工作。

表 5-3-4　物料倉儲主管個人發展建議表

項目	內容
優點	1. 善於學習，倉儲管理及作業知識較扎實 2. 口頭、書面表達能力較好
不足	1. 不能正視問題，不善於從自身找問題，不能起到管理人員的示範作用 2. 與上級、同事、下屬溝通不及時 3. 角色定位不明確，完成工作目標的動力不足
評價	該員工表達能力好，頭腦靈活，建議安排在能發揮這種特點的崗位上
建議	1. 明確自己的定位 2. 與上級、同事、下屬多溝通 3. 將自己的特點與物料倉儲管理的崗位職責結合起來 4. 在工作中抓緊時間學習領導技巧

同樣，在接受績效回饋與輔導的過程中，物料倉儲主管對自己的優點、不足和行動建議都應予以接受，並制訂改進計畫。

4 成品倉儲主管職責

一、關鍵業績指標

1. 職責概述

在倉儲經理的領導下，負責產成品的出入庫管理工作，負責成品倉儲的堆放、維護保管等工作，定期組織倉庫盤點工作，確保倉庫成品存儲整齊有序。

2. 主要工作

(1)協助倉儲經理制定產成品倉儲管理相關制度，指導、考核成品庫倉管員的工作。

(2)定期瞭解成品庫存情況及採購、生產、銷售情況，及時提出意見給相關部門，避免成品積壓或短缺。

(3)嚴格遵守成品的接收與保管程序，組織成品庫倉管員準確、及時完成產成品的出入庫工作。

(4)督促成品庫倉管員嚴格遵守「成品庫倉管員職責」，切實做好包裝品質檢查及數量清點、批號核對等驗收工作。

(5)定期開展成品庫庫房現場巡檢，檢查現場衛生和消防設施的達標情況，確保現場符合成品倉儲作業要求。

(6)組織成品庫倉管員改善成品庫的倉儲環境，做好倉庫的「12防」工作，確保在庫產成品品質。

(7)負責對積壓成品的使用、發貨及退回產品的出入庫程序進行把關，並提供相關資料，及時跟蹤處理緊急情況。

(8)組織年、季、月成品庫盤點工作，接受相關部門對成品倉儲工作的監督，保證賬、卡、物相符。

(9)完成上級臨時交辦的其他工作。

3.關鍵業績指標

1.倉儲成品損失金額

2.成品收發差錯率

3.成品台賬管理出錯率

4.倉庫安全事故率

4.任職資格要求

(1)學歷

大學專科及以上學歷，倉儲管理、物流專業等相關專業。

(2)工作經驗

一年以上倉儲管理工作經驗。

(3)能力要求

具有一定的倉儲管理能力、計畫執行能力，具有較強的分析問題和解決問題的能力、良好的溝通能力和團隊合作精神。

二、考核指標設計

1.成品倉儲主管目標管理卡

採用目標管理卡對成品倉儲主管的工作進行績效考核時，目標管理卡中主要包括上期實績自我評價、直屬主管人員的評價及下期目標設定三方面內容，具體如表 5-4-1 所示。

表 5-4-1　成品倉儲主管目標管理卡

考核期限		姓　名		職　位		員工簽字	
實施時間		部　門		負責人		經理簽字	

上期實績自我評價(目標執行人記錄後交直屬主管評價)			直屬主管評價
目標的實際完成程度	自我評分	主管評分	(1)目標實際完成情況
倉庫巡檢工作按時完成率達100%，達成工作目標			
成品庫存損失額為____元，高於(低於)目標值___元			
成品收發差錯率為____%，比目標值高(低)____%			
成品倉庫 5S 檢查不合格項數____項，超出(低於)目標值____項			
成品台賬、報表管理出錯率為____%，超出(低於)目標值___%			(2)與目前職位要求相比，其能力素質的差異
倉庫安全事故率控制在____%，比目標高(低)____%			

下期目標設定(與直屬主管討論後記入)				
項　目		計畫目標	完成時間	權重
工作目標	成品庫存損失額	比上期降低__元		
	成品收發差錯率	控制在___%以內		
	成品倉庫 5S 檢查不合格項數	控制在目標值範圍內		
	成品台賬、報表管理出錯率	比上期降低___%		
	倉庫重大安全事故(損失金額在___元以上)	控制為 0 起		

(3)能力素質提升計畫

個人發展目標	參加倉儲管理培訓	參加率達 100%，考核得分達__分			
	參加個人領導力培訓	參加率達 100%			

2.成品倉儲主管績效考核表

根據考核期初制定的目標管理卡，在考核期結束後，倉儲經理應根據該張卡片從主要工作完成情況、工作能力、工作態度三個方面對成品倉儲主管進行考核，具體如表 5-4-2 所示。

表 5-4-2　成品倉儲主管績效考核表

員工姓名：_____　　　職位：_____

部　　門：_____　　　地點：_____

評估期限：自____年____月____日至____年____月____日

1. 主要工作完成情況

序號	主要工作內容	考核內容	目標完成情況	考核分數	
				分值	考核得分
1	定期開展成品庫房現場巡檢，檢查現場衛生和消防設施	倉庫巡檢工作按時完成率			
2	落實倉庫安全防範措施，做好倉庫的「12 防」工作	成品庫存損失額			
		倉儲安全事故率			
3	組織成品倉管員準確、及時地完成成品的出入庫工作	成品收發差錯率			
4	定期檢查倉儲環境，以確保現場符合成品倉儲作業要求	成品倉庫 5S 管理不合格項數			

續表

5	建立成品收發台賬，定期與財務部核對，做到賬、卡、物相符	成品台賬、報表管理出錯率			

2.工作能力

考核項目	考核內容	分值	考核得分		
			自評	考核人	考核得分
應變能力	能否做到在倉儲管理過程中，遇到突發事件不慌亂，並且能迅速抓住關鍵，巧妙應對				
溝通能力	是否能夠自如地表述自己對倉儲工作改進的認識和各部門人員討論提升倉儲工作效率的方法				

3.工作態度

考核項目	考核內容	分值	考核得分		
			自評	考核人	考核得分
責任心	是否在倉儲管理工作中對每個環節都盡心盡力，不推脫責任、不找藉口				
工作主動性	是否對倉儲管理工作有工作熱情，能主動地以主人翁的態度去完成倉儲管理工作				

請把您認為合適的分數填寫在相應方格內，如塗改，請塗改者在塗改處簽字，評後準時送交人力資源部。

被考核者(自評人)簽名：　　　　　　直接上級簽名：

三、績效考核細則

表 5-4-3　成品倉儲主管績效考核細則

考核細則	成品倉儲主管績效考核方案		受控狀態	
			編　　號	
執行部門		監督部門	考證部門	

　　成品倉儲主管的考核指標主要含工作業績、工作態度、工作能力三部份，其權重設置分別為：工作業績 70%、工作態度 15%、工作能力 15%。

　　1. 成品倉儲主管的工作業績考核主要從 11 個方面進行，詳見下表所示。

成品倉儲主管工作業績考核與評分標準說明表

指標	計算公式/定義	工作標準	權重	得分	信息來源	考核週期
成品倉儲費用達成率	實際發生的成品倉儲費用/計畫成品倉儲費用×100%	1. 等於目標值，得 100 分；每降＿＿%，加＿＿分，最高可加＿＿＿分 2. 超出目標值的＿＿%，不得分 3. 介於其中的，按線性關係計算	10%		費用明細科目及預算匯總等相關資料	月統計季考核
成品收發台賬登記及時性	成品收發台賬登記所耗費的時間	1. 等於目標值，得 100 分；每超出目標值＿＿＿小時，扣＿＿＿分 2. 超出目標值＿＿＿小時，此項得分為 0	10%		產品收發台賬	月統計季考核
成品出入庫單據傳遞及時性	24 小時內對處理完的單據進行傳遞	1. 等於目標值，得 100 分；每超出目標值＿＿＿小時，扣＿＿＿分 2. 超出目標值＿＿＿小時，此項得分為 0	10%		工作記錄	月統計季考核

續表

成品庫存週報提交及時率	1-延誤提交的成品庫存週報數量/提交的成品庫存週報總數×100%	1. 等於目標值，得 100 分；每降低____%，減____分 2. 比目標值低___%，不得分	10%	成品庫存週報提交時間記錄	月統計季考核
成品庫存分析準確率	成品庫存分析報告無誤的份數/提交報告的總份數×100%	1. 等於目標值，得 100 分；每降低____%，減____分 2. 比目標值低____%時，不得分	10%	成品庫存分析報告	月統計季考核
成品定置管理	成品倉庫現場管理狀況是否整齊清潔、堆放有序	1. 全部定置存放，得分區間為 91～100 2. 大部份成品定置存放，得分區間為 81～90 3. 未定置存放。但擺放有序整齊，得分區間為 61～80 4. 未定置存放，擺放不整齊但未佔通道，得分區間為 41～60 5. 未定置存放，擺放不整齊、通道不暢得分區間為 0～40	10%	成品倉庫檢查記錄、定期盤點記錄	月統計季考核
成品庫存盤點賬實相符率	成品庫存盤點賬物相符的金額/成品庫存總額×100%	1. 等於目標值，得 100 分；每降低____%，減____分 2. 比目標值低____%,此項得分為 0	10%	成品庫存盤點記錄	月統計季考核
倉儲成品損失額	損壞的倉儲成品的賬面價值	1. 等於目標值，得 100 分；每降____萬元，加___分，最高加____分 2. 高於目標值__萬元，不得分 3. 介於其中按線性關係計算	10%	成品庫存盤點記錄	月統計季考核

續表

成品倉儲設施設備正常使用	成品倉儲設施檢查得分	1.等於目標值，得 100 分 2.低於目標值＿＿＿分，不得分	10%	成品倉儲設施設備狀態檢查評分表	月檢查季考核

2.成品倉儲主管的工作態度主要從責任心、主動性、公平公正意識、員工培養意識、團隊建設意識五個方面來考核，詳見下表。

成品倉儲主管工作態度考核與評分標準說明表

考核內容	級別	評分標準	權重	評分	得分
責任心	優	有強烈的責任心，從來沒有失職行為	20%	91～100	
	良	有較強的工作責任心，但是偶有失職行為		71～90	
	中	有一定的工作責任心，時常有失職行為		51～70	
	差	基本上沒有工作責任心，對工作失職習以為常		0～50	
主動性	優	工作熱情，能主動考慮問題，並主動提出問題解決辦法，對分內、分外的工作都能積極主動地去做	20%	91～100	
	良	工作有一定的主動性和熱情，但需要上級督促		71～90	
	中	工作缺乏主動，缺乏熱情，需要上級不斷督促		51～70	
	差	根本無工作熱情，無法完成工作		0～50	
公平公正意識	優	有強烈的公平公正意識，從不偏袒下屬	20%	91～100	
	良	有較強的公平公正意識，但是偶爾會偏袒下屬		71～90	
	中	有一定的公平公正意識，時常會偏袒下屬		51～70	
	差	基本上沒有公平公正意識，偏袒下屬習以為常		0～50	

續表

員工培養意識	優	有強烈的員工培養意識，極力關注下屬的成長	20%	91～100	
	良	有一定的員工培養意識，關注下屬成長		71～90	
	中	員工培養意識淡薄，不太關注下屬成長		51～70	
	差	基本上沒有員工培養意識，完全忽視下屬成長		0～50	
團隊建設意識	優	團隊建設不遺餘力，下屬有強烈的團隊意識	20%	91～100	
	良	積極開展團隊建設，下屬有相當的團隊意識		71～90	
	中	不積極開展團隊建設，下屬有一定的團隊意識		51～70	
	差	基本上不開展團隊建設，下屬團隊意識匱乏		0～50	

3.成品倉儲主管的工作能力主要從計畫執行能力、影響能力、工作分配能力、分析判斷能力這四個方面來考核，詳見下表。

成品倉儲主管工作能力考核與評分標準說明表

考核內容	級別	評分標準	權重	評分	得分
計畫執行能力	優	能按計劃嚴格執行，確保在每個細節上不出差錯	25%	91～100	
	良	能按計劃執行，較注意細節，偶有差錯發生但能迅速改正		71～90	
	中	能大致按計劃執行，不太注意細節，偶有差錯發生		51～70	
	差	工作無計畫，隨意，常出差錯		0～50	

- 150 -

續表

影響能力	優	能積極影響他人的思維方式和事情的發展方向	25%	91～100	
	良	能以自己積極的言行帶領大家努力工作		71～90	
	中	有時能影響他人		51～70	
	差	對他人幾乎無影響力或完全操縱利用他人		0～50	
工作分配能力	優	善於分配工作與職權，能積極傳授工作知識，引導下屬人員非常出色地完成任務	25%	91～100	
	良	能順利分配工作與職權，有效傳授工作知識，引導下屬人員較出色地完成任務		71～90	
	中	欠缺分配工作、職權及指導部屬的方法		51～70	
	差	不善分配工作與職權，缺乏指導員工方法		0～50	
分析判斷能力	優	對所做決策有良好的權衡和判斷評估	25%	91～100	
	良	大致能作出正確的判斷和評估		71～90	
	中	對事物缺乏分析判斷方法，結果可信度低		51～70	
	差	對日常工作經常判斷失誤，耽誤工作進程		0～50	
編制日期			審核日期		批准日期
修改標記			修改處數		修改日期

四、關鍵問題解決

　　在對成品倉儲主管實施考核的過程中，很多人片面地以為只需考核其業績完成情況即可。實則不然。除了重視被考核者的「業績」，還要關注被考核者的「能力」、「態度」，因為這三者之間存在著相當緊密的辨證關係，這一關係主要體現在員工績效提升能力的三種存在形態中，具體如表 5-4-4 所示。

表 5-4-4　員工績效提升能力的三種存在形態

形態名稱	說明	與其相對應的指標
能力 持有態	員工有創造那方面績效的能力，這種能力強到何種程度	能力考核指標
能力 發揮態	員工在創造績效的過程中，在發揮自身能力時，所表現出來的熱情、主動性、職業道德水準等	態度考核指標
能力 轉化態	員工在創造績效的過程中，其能力所帶來的實際效果	業績考核指標

5 倉管員職責

一、關鍵業績指標

1.職責概述

在倉儲主管的領導下，遵守倉庫各項規章管理制度，有序地開展物料和成品的出入庫工作，做好所轄庫區物料和成品的儲存管理，確保倉儲物料和成品等物資的儲存安全。

2.主要工作

⑴做好出入庫物資的名稱、出入庫數量、價格、規格、進貨日期、領料人員及領料日期等方面的詳細記錄。

⑵負責倉庫管理中的出入庫單、驗收單等原始資料及賬冊的收集、整理和建檔，協助統計專員編制相關統計報表。

⑶監管裝卸工裝卸物料，確保不因裝卸影響物料品質。

⑷負責定期對倉庫物資盤點清倉，做到賬、物、卡相符，協助倉儲主管做好盤點、盤虧的處理及調賬工作。

⑸定期盤查物資狀態，對近保質期的物資必須立即登記報驗，並及時傳遞信息，避免不必要的損失。

⑹根據物資的物理、化學特性區分擺放物品，避免物資吸潮、受熱，物資定置合理，標識清晰完整，倉容整潔。

⑺落實倉庫安全防範措施，做好倉庫物資的防水、防潮、防爆、防腐蝕、防鼠蟲害等日常保養工作。

⑻負責倉庫區域內的治安、防盜、消防工作，按時開展日巡月檢，發現事故隱患及時上報，對意外事件及時處理。

⑼做好交接班工作，未完成事項當面或書面交代清楚。

⑽完成上級交辦的其他工作。

3.關鍵業績指標
⑴物資出入庫差錯率
⑵物資完好率
⑶單據傳遞及時率
⑷安全事故率
⑸物資倉儲損失控制率

4.任職資格要求
(1)學歷
中專及以上學歷。

(2)工作經驗
一年以上相關行業倉儲管理工作經驗。

(3)能力要求
細心、穩重，具備倉儲相關設施設備的安全操作能力，善於發

現問題並具備分析問題原因的能力，具有良好的團隊合作精神和服務意識。

二、考核指標設計

1.倉庫管理員目標管理卡

通過分析倉庫管理員的主要工作事項和檢查上一考核期的實際業績完成情況，在倉儲主管的指導下，如實填制倉庫管理員目標管理卡(如表 5-5-1 所示)。

表 5-5-1　倉庫管理員目標管理卡

考核期限		姓　名		職　位			員工簽字	
實施時間		部　門		負責人			經理簽字	
上期實績自我評價(目標執行人記錄後交直屬主管評價)							直屬主管評價	
目標的實際完成程度			自我評分	主管評分			(1)目標實際完成情況	
物資出入庫差錯率為＿＿%，比目標值高(低)＿＿%					⇨	1		
物資完好率達＿＿%，比目標值高(低)＿＿%								
單據傳遞及時率為＿＿%，比目標值高(低)＿＿%								
重大安全事故發生率為 0，一般安全事故發生率控制在＿＿%，達成(未達成)計畫的目標值							(2)與目前職位要求相比，其能力素質的差異	
物資倉儲損失為＿＿元，與目標值相比，降低(提高)了＿＿元								

續表

下期目標設定(與直屬主管討論後記入)						
項　目		計畫目標	完成時間	權重		
工作目標	物資出入庫差錯率	比上期降低　%			⇐ 2	(3)能力素質提升計畫
	物資完好率	比上期提高　%				
	單據傳遞及時率	達到100%				
	重大安全事故發生率	控制為0				
	一般安全事故發生率	比上期降低　%				
個人發展目標	參加倉儲管理培訓	參加率達100%，考核得分達＿＿分				
	參加物資盤點培訓	參加率達100%				
	利用業餘時間完成相關專業課程學習	考試分數達＿＿分				

2.倉庫管理員績效考核表

在考核期結束後，倉儲主管可根據考核期初填制的目標管理卡，從主要工作完成情況、工作能力、工作態度三個方面對下屬倉庫管理員進行考核，具體如表5-5-2所示。

- 155 -

表 5-5-2　倉庫管理員績效考核表

員工姓名：＿＿＿＿＿　職位：＿＿＿＿＿＿＿＿＿＿＿＿＿

部　　門：＿＿＿＿＿　地點：＿＿＿＿＿＿＿＿＿＿＿＿＿

評估期限：自＿＿年＿＿月＿＿日至＿＿年＿＿月＿＿日

1. 主要工作完成情況

序號	主要工作內容	考核內容	目標完成情況	分值	考核得分
1	嚴格按出入庫程序辦理物資出入庫手續，按要求完成出入庫工作	物資出入庫差錯率			
2	對在庫物資進行全面管理，並根據物資的物理、化學特性區分擺放、標識清晰、倉容整潔、定期盤存	物資定置合格率			
		物資完好率			
3	負責倉庫入庫單、出庫單、驗收單等原始資料的收取、填制和傳遞	單據傳遞及時率			
4	落實安全防範措施，做好倉庫防盜、防火、防爆等日常管理工作	重大安全事故發生率			
		一般安全事故發生率			
5	根據安排，定期盤查物資狀態，並採取相應的保養措施，避免損失	物資倉儲損失金額			

2. 工作能力

考核項目	考核內容	分值	自評	考核人	考核得分
執行能力	是否能夠按照計畫嚴格執行，並確保每個細節上減少差錯，實現預定目標				
學習能力	是否善於學習，在短時間內，將不懂的技術知識弄懂，並應用於倉儲管理工作中				

續表

3.工作態度

考核項目	考核內容	分值	考核得分		
			自評	考核人	考核得分
工作責任心	是否對於工作中的失誤或過失，不迴避，能夠承擔責任				
工作主動性	工作是否積極主動，把工作看做是對能力的挑戰，並有很好的工作業績				

請把您認為合適的分數填寫在相應方格內，如塗改，請塗改者在塗改處簽字，評後準時送交人力資源部。

被考核者(自評人)簽名：　　　　　直接上級簽名：

三、績效考核細則

表 5-5-3　倉庫管理員績效考核細則

考核細則	倉庫管理員績效考核細則	受控狀態	
		編　號	
執行部門		監督部門	考證部門

1.倉庫管理員的考核由各倉庫的倉儲主管負責，公司人力資源部提供指導，倉儲經理負責初步審核，公司績效考核委員會負責早訴的受理與裁決。

2.每月初(10日前)將考核結果予以公佈，考核結果作為倉庫管理員工作業績評價、崗位調整、工資調配的主要依據。

3.倉庫管理員如果連續三個月得分為最後一名，且有一次不合格的，將作為每年崗位調整、裁員的對象。

4.倉庫管理員具體的考核辦法具體請參考下表。

續表

倉庫管理員考核內容及評分標準表		
考核內容	規定事項	獎罰規定
規章制度	(1)違反公司級制度	每次扣 10 分，被公司通報批評者扣 15 分
	(2)違反倉儲作業制度	每次扣 5 分
出勤管理	(1)遲到、早退	一次扣 1 分
	(2)曠工(含遲到超過 1 小時)	一次扣 2 分
	(3)未經請示擅離崗位，致使物資收發、生產或銷售受影響者	一次扣 2 分
倉庫現場管理	(1)物資存放混亂、不整齊	每處扣 1 分
	(2)消防通道不暢	每發現一處扣 2 分
	(3)標識不清，物資丟失、錯放	每項扣 1 分
	(4)物資沒有按區分類存放	每次扣 1 分
	(5)物資賬、物、卡數量不符，且查不出原因	每項扣 1 分
	(6)庫存卡記錄不連續，字跡不清晰	每發現一次扣 1 分
	(7)上級做基礎管理檢查時，有不符項目	每發現一項扣 3 分
庫存優化管理	(1)沒按規定做好物資防護工作	每發現一次扣 1 分
	(2)對呆滯、質差物資不及時上報處理	一次扣 2 分
	(3)不按「先進先出」原則發放物資	每發現一次扣 1 分
	(4)提出合理化建議並被採納	一次獎 3 分
	(5)消除不安全隱患，避免安全事故發生	一次獎 3 分
物料管理	(1)合格物料不及時退回供應商者，或有不合格成品不及時通知生產部門	一次扣 2 分
	(2)按規定接收物料，導致庫存呆滯	一次扣 2 分
	(3)不合格物料和標有「不合格」或「未檢」標識的物料發到生產現場	每發現一次或每被投訴一次扣 2 分

6. 服務 品質 管理	(1)服務差,受工廠、銷售部投訴屬實	每被投訴一次扣 2 分
	(2)按時發放物料或錯發物料致使工廠生產受影響 　或影響公司信譽的	將當月標準分降為及格分,每發現一次另加扣 3 分
	(3)行遙控發放物料	一次扣 2 分
	(4)發物料,尚未對生產造成影響	一次扣 1 分
	(5)收物料兩小時內不報檢致使生產受到影響	一次扣 2 分
	(6)按作業流程要求操作,造成安全事故	一次扣 3 分並承擔相應責任

5.其他應計入考核成績的事項

(1)庫管理員有下列情況之一,根據其事由、動機、影響程度給予嘉獎、晉升或其他獎勵,並記入考核成績。

①對本企業管理上有好的建議,經採用並獲得顯著績效者。

②遇有特殊危急事故,冒險搶救保全本企業重大利益、他人生命者。

③能防患於未然,使公司免受重大損失者。

(2)庫管理員有下列行為之一,視其情節輕重程度,給予口頭警告、記過、降級等處罰,並記入考核成績。

①行為不檢、屢教不改或破壞紀律,情節嚴重者。

②覺察到對本企業的重大危害,徇私隱匿不報,因而貽誤時機導致本企業蒙受損失者。

③對可預見的災害疏於覺察或臨時急救措施失當,導致本企業遭受不必要的損失者。

(3)下列情形之一的倉庫管理員,考核成績不能列為優秀。

①遲到、早退時間累計達_____分鐘及以上者。

②請假超過規定日數者。

③曠工達日及以上者。

④曾受過一次懲罰或懲處者。

編制日期		審核日期		批准日期	
修改標記		修改處數		修改日期	

四、關鍵問題解決

倉庫管理員是企業的基層工作人員，對倉庫管理員實施的績效考核不僅需要人力資源部考核人員的付出、倉儲經理和倉儲主管的重視，同時還需得到倉庫管理員本人的配合。所以，為避免倉庫管理員績效考核流於形式，將這項工作切實落到實處，建議人力資源部做好以下三個方面的工作。

1. 儲經理、倉儲主管多溝通，使其認識到人力資源部對倉庫管理員的績效考核是對倉庫管理工作的支持。人力資源部不是實施考核與評分的負責人，只有倉庫管理員的直接上級才最瞭解倉庫管理員的工作表現。

2. 設計合理科學的績效管理體系，將考核的出發點定為提高倉庫管理員的能力、水準、業績，並給予他們真正的幫助，從而在最大程度上提升績效考核的效果。

3. 規範使用倉庫管理員的績效考核結果，減少被考核者的抵觸情緒。

案例　木製品公司的庫存內控失效案例

　　木製品公司 2005 年以後該企業的業績逐漸下滑，虧損嚴重，2007 年破產倒閉。這樣一家中型的企業，從鼎盛到衰敗，探究其原因，不排除市場同類產品的價格下降，原材料價格上漲等客觀的變化。但內部管理的混亂，企業的產品成本、費用核算的不準確，浪費現象嚴重，存貨的採購、驗收入庫、領用、保管不規範，歸根到底的問題是缺乏一個良好的內部控制制度。這裏我們主要分析存貨的管理問題：

　　1. 董事長常年在國外，材料的採購是由董事長個人負責，材料到達入庫後，倉庫的保管員按實際收到的材料的數量和品種入庫，實際的採購數量和品種保管員無法掌握，也沒有合約等相關的資料。財務的入賬不及時，會計自己估價入賬，發票幾個月以後，甚至有的長達 1 年以上才回來，發票的數量和實際入庫的數量不一致，也不進行核對，造成材料的成本不準確，忽高忽低。

　　2. 期末倉庫的保管員自己盤點，盤點的結果與財務核對不一致的，不去查找原因，也不進行處理，使盤點流於形式。

　　3. 材料的領用沒有建立規範的領用制度，車間在生產中隨用隨領，沒有計劃，多領不辦理退庫的手續。生產中的殘次料隨處可見，隨用隨拿，浪費現象嚴重。

　　從企業失敗的原因看：第一，該企業基本沒有內控制度，更談不上機構設置和人員配備合理性問題。在內部控制中，對單位法定代表人和高管人員對實物資產處置的授權批准制度作出相互制約的

規範，非常必要。對重大的資產處置事項，必須經集體審批，而不能一個人說了算設置制度上的障礙。

　　第二，企業沒有對入庫存貨的品質、數量進行檢查與驗收，不瞭解採購存貨要求。沒有建立存貨保管制度，倉儲部門將對存貨進行盤點的結果隨意調整。採購人員應將採購材料的基本資料及時提供給倉儲部門，倉儲部門在收到材料後按實際收到的數量填寫收料單。登記存貨保管賬，並隨時關注材料發票的到達情況。

　　第三，沒有規範的材料的領用和盤點制度，也沒有定額的管理制度，材料的消耗完全憑生產工人的自覺性。應細化控制流程，完善控制方法。我們知道，單位實物資產的取得、使用是多個部門共同完成的採購部門負責購置，驗收部門負責驗收，會計部門負責核算，使用部門負責運行和日常維護，可以說，實物資產的進、出、存等都有多個部門參與，為什麼還會出現問題？由此看來，不是控制流程不完備就是控制方法沒發揮作用。

　　第四，存貨的確認、計量沒有標準，完全憑會計人員的經驗，直接導致企業的成本費用不實，這些原因導致一個很有發展前途的企業最終失敗。

步驟六

商品保存要盡到責任

1 稽核庫存品的品質是否良好

許多人認為品質控制的難點在工廠現場，因而企業多將品質控制力量投入到工廠現場，但品質問題卻還是未能消除。這是因為許多人都忘記了一個問題點，即是在庫品的品質變異。

一、在庫品的稽核實施

對在庫品的稽核主要分兩層：倉庫員的稽核，品質的稽核。

倉庫人員的稽核應體現在日常工作中，需要建立一個由主管牽頭，全倉庫人員積極參與的稽核模式。其工作步驟如下：

⑴倉庫主管派專人每天巡視一次。

⑵倉庫各區域負責人每天巡視兩次。

⑶倉庫主管每天抽查。

⑷填寫產品品質稽核記錄(見表 6-1-1)。

⑸總結、改善、彙報。

品質稽核有兩種:一是定期巡檢,二是不定期抽檢。

在進行品質稽核時,首先要稽核物料儲存的情況。定期巡檢指按照每週一次的巡檢方式對重要物料實施逐一檢查;不定期抽檢則不設定檢查頻率,而是每天去倉庫抽查一種物料,看是否出現品質問題。

品質稽核的步驟如下:

⑴首先查看倉庫在製品的儲存情況。

⑵其次選取需要抽查的物料。

⑶對選取對象實施檢驗。

⑷填寫檢查表(見表 6-1-2)。

表 6-1-1　倉庫物料品質稽核表

稽核員:倉庫×××　　　　　　　　　　編號:000000×

受稽核單位		××倉庫——×區		填表日期:年月日	
項次	稽核物料	稽核內容	狀況		不符合狀況說明
			符合	不符合	
1	膠圈	是否在保質期		✓	形成老化

表 6-1-2　倉庫物料品質稽核表

（品管部稽核）

稽核員：品管部×××　　　　　　　　　　　　編號：000000×

受稽核單位			××倉庫——×區				填表日期：年 月 日	
項次	物料	稽核方式	品質狀況					不符合狀況說明
			尺寸	功能	結構	外觀	其他	
1	××膠圈	硬度檢測					硬度<0.8	已達不到裝配標準

二、庫存品定期檢驗的方法

　　一般情況下，庫存物品定期檢驗的方法與進料檢驗的方法相類似，由 IQC 按抽樣的方法進行。

圖 6-1-1　庫存物品定期檢驗的實施步驟

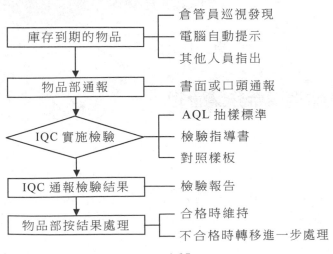

三、在庫品的稽核內容

品管部與倉庫對物料實施稽核，其內容如圖 6-1-2 所示：

圖 6-1-2　在庫品稽核的內容

倉庫人員查核 （目視）	品質人員的稽核 （工具、實驗）
・查核物料是否受到擠壓、變形 ・查核物料是否受至到溫度影響、生銹 ・查核物料是否受到時間影響、腐化 ・查核物料擺放位置是否恰當，是否會出現倒塌 ・查核物料是否在有效保存期內 ・查核物料是否混裝不合格品 ・查核物料的包裝是否脫落	・稽核物料的尺寸是否發生變化 ・稽核物料的組成元素是否發生變異 ・稽核物品的功能是否完善 ・稽核物料的保質期是否有效 ・稽核來料檢驗是否出現遺漏 ・稽核倉庫的倉管方法是否正確 ・稽核物料中是否混裝了不合格品

2 倉庫的安全管理

一、倉庫安全作業管理

倉庫安全作業管理是指在物品進出倉庫裝卸、搬運、儲存、保管過程中，為了防止和消除傷亡事故，保障員工安全和減輕繁重的體力工作而採取的措施，它直接關係到員工的人身安全和生產安全，也關係到倉庫的工作生產率能否提高等重要問題。為此要做好

以下幾方面的工作：

1. 樹立安全作業意識

為使倉庫能安全地進行作業，樹立安全作業意識是非常重要的。為此，企業應定期對倉管員進行安全作業方面的培訓，使倉管員重視安全作業。

2. 提高員工的操作技能

可透過提高倉儲設備的技術水準，減少手動直接裝卸、搬運，更多地採用機械設備和自動控制裝置，以提高作業的安全性，有效地降低事故的發生率。因此，要對倉管員開展崗位培訓和定期技能考核，這樣既能提高企業的生產效率，又能提高自身工作安全。

3. 認真執行安全規程

倉庫作業的安全操作規程，是經過實踐檢驗、能有效減少事故發生的規範化的作業操作方法，因此，倉管員應嚴格執行操作規程，並對不按照安全操作規程的行為進行及時且嚴厲的阻止。

二、庫區安全管理

倉庫一旦發生意外，關係到人員的安全及財物的損失，因此，倉庫安全的預防及維護，應特別予以重視。

1. 庫房的安全管理

經常檢查庫房結構情況，對於地面裂縫、地基沉陷、結構損壞，以及週圍山體滑坡、塌方，或防水防潮層和排水溝堵塞等情況應及時維修和排除。

庫房鑰匙應集中存放在倉庫控制區門衛值班室，實行業務處、門衛值班和倉管員三方控制。倉管員領取鑰匙要辦理手續，下班後

即交回注銷。對於存放易燃易爆、貴重物品的庫房要嚴格執行兩人分別掌管鑰匙和兩人同時進庫的規定。有條件的庫房,應安裝安全監控裝置,並認真使用和管理。

2.倉庫電器設備安全

倉庫電器設備安全要達到以下要求:

⑴各種用電系統的設計、用電裝置的選擇和安裝,都必須符合相關的技術規範或規程。

⑵經常檢查電器線路有無破損、漏電現象,電線是否有年久失修現象。

⑶電源開關安裝的位置離地面應大於 1.5 米。燈泡離地面應大於 2 米,與可燃物間的距離應大於 0.5 米。燈泡正下方,不准堆放可燃物。

⑷倉庫的燈泡嚴禁用紙、布或其他可燃物遮擋。倉庫內可使用 60 瓦以下燈泡,不准用日光燈及 60 瓦以上的燈泡,最好用防爆燈。

⑸庫房內禁止使用電爐等電熱器具,不准私拉亂接電線。

⑹庫房內不准設置移動式照明燈具,必須使用時需報消防部門批准,並有安全保護措施。

⑺庫房內敷設的配電線路,需穿金屬管或用非燃性硬塑膠管保護。

⑻庫房內不准使用電爐、電烙鐵、電熨斗、電熱杯等電熱器具和電視機、電冰箱等家電用品。對使用電刨、電焊、電鋸、各種車床的部門要嚴格管理,必須制訂安全操作規程和管理制度,並報消防部門批准,否則不得使用。

⑼倉庫電器設備的週圍和架空線路的下方,嚴禁堆放物品。對輸送機、升降機、吊車、堆高車等機械設備易產生火花的部位和電

機、開關等受潮後易出現短路的部位要設置防護罩。

⑽倉庫必須按照有關防雷規定設置防雷裝置，並定期檢測，保證有效。對影響防雷裝置效應的高大樹木和障礙，要按規定及時清理。

3.運用顏色管理

在倉庫中運用顏色管理是防止人員和物料發生意外的有效措施之一，企業在平時就應培訓倉管員瞭解各項安全法則及各種顏色的意義：

⑴紅色標誌具有警告及禁止的含義，如所有危險標記，裝有危險品的容器及禁止煙火等，都漆以紅色標誌。

⑵黃色具有特別注意的含義。

⑶綠色有指導安全的含義。

⑷白色或黑色相間的斜色，用以指示目標物。

三、安全管理

1.一般物品安全管理

物品儲存要分區分類，要求不同類型物品不能混存。物品在庫儲存，要有專人負責，倉管員要經常檢查。

2.特殊物品安全管理

特殊物品是指稀有貴重金屬材料及其成品、珠寶玉器及其他貴重藝術品、貴重藥品、儀器、設備、化工危險品、特需物品等。儲存此類物品除要遵循一般物品的管理制度和公安部門的管理規定外，還要根據這些物品的性質和特點制定專門的儲存管理辦法。其主要內容是：

⑴設專庫(櫃)儲存。儲存場所必須要符合防盜、防火、防爆、防破壞等條件。根據情況可以安裝防盜門、監視器、報警器等裝置。外部人員嚴禁進入庫房。

⑵保管特殊物品要指定有業務技術專長的人員負責，並且必須是兩人以上，一人無收發權。

⑶要堅持嚴格的審批、收發、退貨、交接、登賬制度，預防在儲存、運輸、裝卸、堆碼、出入庫等流轉過程中發生丟失或錯收、錯發事故。

⑷特殊物品要有特殊的保管措施，要經常進行盤點和檢查，保證賬物相符。

⑸對過期失效和報廢的易燃、易爆、劇毒、腐蝕、污染、放射性等物品，要按照公安部門和環保部門有關規定進行處理和銷毀，不得隨意處置。

3 消防管理

　　倉庫應根據所存貯的物料的類別、倉庫的位置等具體情況策劃並建立倉庫的消防系統，配備必要的設施，指定負責的人員，並維持其有效性。

1.建立有效的倉庫消防系統

可選擇的消防系統類別一般有：

⑴自動噴水滅火系統；

⑵二氧化碳滅火系統；

⑶七氟丙烷滅火系統；

⑷ IG541 滅火系統；

⑸泡沫滅火系統；

⑹各種滅火器；

⑺各種滅火推車；

⑻滅火沙土；

⑼防火門、消火栓；

⑽煙霧感應系統。

2.保證消防安全

樹立全員參與的消防安全意識，確保倉庫的安全。具體內容包括：

⑴制定安全生產的培訓計劃；

⑵建立安全主任負責制度；

⑶配備合理的消防設施；

⑷及時維護和檢驗各種消防設施，確保有效性；

⑸與當地的消防部門配合實施改善措施。

表 6-3-1　每週防火巡查記錄表

單位：　　　　　　　　　　　　　　　　　　　年　　月

巡查內容	巡查情況	處理情況
消防通道是否暢通		
安全疏散指示標誌是否完好		
各層消防通道防火門是否經常關閉		
滅火器等消防器材和消防安全標誌是否完整到位		
防火捲簾門是否變成堆放雜物的雜物間		
消火栓內各項器材是否完整到位		
設備是否正常，穩壓電源是否到位		
消防自動警報系統等消防設備運轉是否正常		
消防水源是否充足		
生產現場是否禁用明火		
生產現場是否存有易燃、易爆物品		
巡查人： 　　　時　　分	記錄時間： 　　　時　　分	處理時間： 　　　時　　分

表 6-3-2 不同場所選用滅火器配置種類

序號	場所	滅火器配置種類
1	精密儀器和貴重設備場所	滅火劑的殘漬會損壞設備,忌用水和乾粉滅火劑,應選用氣體滅火器
2	貴重書籍和檔案資料場所	為了避免水漬損失,忌用水滅火,應選用乾粉滅火器或氣體滅火器
3	電器設備場所	因熱脹冷縮可能引起設備破裂,忌用水滅火,應選用絕緣性能較好的氣體滅火器或乾粉滅火器
4	高溫設備場所	因熱脹冷縮可能引起設備破裂,忌用水滅火,應選用乾粉滅火器或氣體滅火器
5	化學危險物品場所	有些滅火劑可能與某些化學物品起化學反應,有導致火災擴大的可能,應選用與化學物品不起化學反應的滅火器
6	可燃氣體場所	有可能出現氣體洩漏火災,應選用撲滅可燃氣體滅火效果較好的乾粉、二氧化碳等滅火器

表 6-3-3 倉庫防火管理日清表

倉庫防火管理	清理內容檢測		是否清理	相關文件
電氣設備檢查	是否檢查用電負荷		□是 □否	電氣設備位置圖
	是否檢查電線，更換老化線路		□是 □否	
儲存檢查	易燃物資是否被隔離		□是 □否	存儲檢查記錄
	是否檢查易燃物資有無出現冒、跑、漏		□是 □否	
	燈具與物資距離是否適宜		□是 □否	
	是否檢查通風散熱性狀		□是 □否	
器械檢查	堆高車、吊車進入庫區是否有防護罩		□是 □否	器械檢查記錄、器械使用規範
	是否存在易產生火花的工具		□是 □否	
	器械是否在庫房內修理		□是 □否	
火源檢查	易燃物是否及時清理		□是 □否	火源檢查記錄
	庫區是否未使用明火		□是 □否	
火災隱患處理	是否使用正確方法排除隱患		□是 □否	火災隱患排除辦法
	對不能處理的火災是否撥打火警電話		□是 □否	
	是否將火災隱患處理情況上報倉儲主管		□是 □否	
火災處理	對普通物資起火，是否採用沙土、滅火劑等予以撲滅		□是 □否	滅火指南
	對危險品起火，是否依據其產生的化學反應選擇了適宜的滅火物		□是 □否	
組別		執行人	日期/時間	

4 消防安全管理制度

　　某包裝工廠發生火災，機器設備、產品等被嚴重燒毀，直接損失達 6000 多萬元。

　　警方調查後發現，火災的直接原因是員工違規吸煙，丟棄的煙頭掉入木制地板縫中(因是老式地板，縫隙很大)，引燃地板縫中廢棄紙屑，火焰從地板竄上工廠的紙板吊頂，致使火勢蔓延，釀成大火。而廠長、工廠安全負責人忽視安全生產，致使該廠安全隱患嚴重，也是導致這場火災發生的潛在原因。

　　為加強公司的安全消防意識，做好公司的安全消防工作，保證公司正常、穩定的工作環境，特制定本制度。

第1章　總則

　　第 1 條　公司法定代表人為公司安全消防第一責任人，主要履行下列職責。

　　1. 制定並落實安全消防責任制和防火、滅火方案，以及火災發生時疏散人群等安全措施。

　　2. 配備安全消防器材，落實定期維護、保養措施，改善防火條件，開展消防安全檢查，及時消除安全隱患。

　　3. 管理本公司的專職或義務消防隊。

　　4. 對員工進行消防安全教育和防火、滅火訓練。

　　5. 組織火災自救，保護火災現場，協助調查火災原因。

　　第 2 條　相關責任人。

各部門應確立各自的責任人，劃定各自的防範重點和防範對策，並制定相應的安全消防措施。

第2章 設施、培訓與宣傳教育

第 3 條　設施。

1. 公司使用的電器設備的品質，必須符合消防安全要求。電器設備的安裝和電氣線路的設計、鋪設，必須符合安全技術規定並定期檢修。

2. 公司使用的消防器材和設備，必須是有「生產許可證」和《產品品質認證證書》的產品。

第 4 條　培訓。

1. 公司下列人員需要接受消防安全培訓

(1)各部門防火安全第一責任人或分管負責人。

(2)消防安全管理人員。

(3)義務消防員。

(4)消防設備的安裝、操作和維修人員。

(5)易燃易爆品倉庫管理人員。

2. 保安部組織培訓

(1)保安部全體員工均為義務消防員，其他部門按人數比例參加培訓考核後定為公司義務消防員。

(2)義務消防員的培訓工作由保安部具體負責，各部門協助進行。

(3)保安部主管負責擬訂培訓計劃，由保安部領班協助定期、分批對公司員工進行消防培訓。

3. 培訓內容

(1)瞭解公司消防的重點區域：配電房、保安部、煤氣庫、貨倉、機票室、鍋爐房、廚房和財務部等。

(2)瞭解公司消防設施的情況，掌握滅火器的安全使用方法。

(3)掌握火災時撲救工作的知識和技能以及自救知識。

(4)組織觀看實地消防演練，進行現場培訓。

第 5 條　宣傳教育。

1. 宣傳教育的內容包括消防規章制度、防火的重要性、防火先進事蹟和案例等。

2. 宣傳教育的方式包括印發消防資料，組織人員學習，請專人講解，實地消防演練等。

第 3 章　預防

第 6 條　公司在卜列場所應當設置疏散指示標誌、緊急照明裝置和必要的消防設施。

1. 易燃易爆危險品的生產房、儲存場地。

2. 原材料及成品倉庫。

3. 車隊、油庫(加油站)、液化氣站和變電站。

第 7 條　禁止在危險場所擅自動用明火。需要使用明火器具時應事先提出申請，說明安全措施，經保安部批准後方可使用。

第 8 條　作業人員應當持證上崗，對電焊、氣割、砂輪切割、煤氣燃燒以及其他具有火災危險的工作，必須依照有關安全要求操作。

第 9 條　禁止員工在辦公場所和宿舍使用自製或外購的電爐取暖或做飯。

第 10 條　劃定禁煙區，員工不得在禁煙區吸煙。

第 11 條　公司需要根據現有的消防狀況和狀況，合理配置消防器材，不得擅自移動、損壞和挪用，並定期檢查和更換。

第 12 條　防火檢查。

保安部人員應定期巡視檢查，一旦發現隱患，要及時指出並加以處理。各部門人員要做到分級檢查：第一級是班組人員每日自查；第二級是部門主管重點檢查；第三級是部門經理組織人員全面檢查或獨自抽查。

第 4 章　火災處理及撲救

第 13 條　員工一旦發現火情，能自己撲滅的，應立刻採取措施，根據火情的性質，就近使用水或滅火器材進行撲救。

第 14 條　如果火勢較大，在場人員不懂撲滅方法，應立刻通知就近其他人員或巡查的保安員進行撲救。

第 15 條　若火勢發展很快，且無法立刻撲滅時，在場人員應立刻通知總機接線員，執行火災處理的撲救制度。

第 16 條　公司任何人發現火災或其他安全問題時都應迅速報警，各部門或員工都應為報警提供方便，有為撲救火災提供幫助的義務。

第 17 條　公司在消防隊到達前應迅速組織力量撲救、減少損失，並及時向投保的保險公司報案，保護好現場並協助查清火災原因。

第 5 章　獎懲和處罰

第 18 條　公司定期或不定期地對各部門安全、消防管理工作進行考核，決定給予相應的獎勵或處罰。

第 19 條　因撲救火災、消防訓練、制止安全事故、見義勇為而受傷、致殘、死亡的員工，其醫療、撫恤費用按照有關規定辦理。

第 20 條　對各種安全消防事故的責任人和違反本制度的員工，公司將從嚴處罰，分別給予罰款、降級乃至辭退等處分，情節嚴重者，公司將其送交司法部門追究其法律責任。

5 防盜竊管理

　　防盜竊管理主要是針對「內盜」、「外盜」。

　　內盜的主要原因是人員素質差與監督措施不力，要消除或減少內盜必須從這兩個方面下手。內容包括：

　　1. 提高人員素質，如開展素質培訓、明確工作責任、消除散亂和管理死區，用環境感化人的意識和舉動；

　　2. 強化監督措施，如增加監督設施、提升人員監管水準、定時進行業務盤點、開展舉報有獎等。

　　外盜的主要因素是倉庫的管理措施乏力、管理方式存在漏洞，要消除或減少外盜必須從這兩個方面努力。內容包括：

　　1. 提升管理力度，如加強管理制度、提升獎懲幅度、實行走動式管理等；

　　2. 消除管理方式的漏洞就是要改善管理工作中的弊端，例如增設保安人員、更新監視監督系統、開展巡更等。

　　外盜的盜竊事件發生，多數是因放置場所不當或倉庫位置、構造、關鎖不當等，因此，在管理中應注意：

　　⑴限定倉庫人員出入，其他人員一律禁入。

　　⑵倉庫進出應登記，包括時間、姓名、任務等記錄，以備日後查明之用。

　　⑶提送貨人員要進庫辦理業務，必須向門衛出示提送貨憑證，門衛要做好入庫登記，收存入庫證，指明提送貨地點。提送貨人員

一般不得進入庫房,需要進入庫房時,要經倉管員同意,並佩戴入庫證,由倉管員陪同出入。業務辦理完畢後,離開倉庫時要交還入庫證,隨身帶出物品要向門衛遞交出門證,經門衛查驗無誤後,方可離開。

⑷容易被盜竊物品的收藏處應告知值勤保安人員,要求其加強巡邏。

⑸小件而高價的物品應加鎖保管。

⑹對內部人員應強化監督措施,如增加監督設施、提升監管水準、定時進行業務盤點、開展有獎舉報等。

6 防失效管理

倉庫的防失效管理是一種預防措施,它的目的是確保倉庫的各項制度和政策能落實到位,倉庫設施持續良好,運作次序井然有序、管理功能狀態和諧、管理能力充足。

防止規章制度形式化,保障物料管理過程有效,降低庫存損失和庫存成本,提高效益。具體措施包括:

1. 定期點檢規章制度的有效性,包括收發制度、存貯制度、環境制度和人員崗位責任制度等;

2. 點檢週期一般以年度為頻次進行,但有新產品生產時除外;

3. 定期召開倉庫管理工作會議,瞭解人員需求、掌握工作動態、挖掘存在的問題;

4. 制定人員培訓計劃,定期實施培訓。培訓內容包括:工作技

能、業務素質、規章制度、見習先進工廠的倉庫管理經驗等；

5.問題點的糾正、預防和措施結果驗證，即針對過往工作中出現的問題點要採取下列措施：

⑴分析原因；

⑵採取糾正措施；

⑶制定預防再發的計劃和實施方案；

⑷驗證措施結果；

⑸把好的措施變成制度推廣。

有效期限較短的材料是指材料的有效期限不滿一年，或隨著時間的延長其性能下降比較快。如電池、膠水、PCB 等。對這類物品按如下的方法實施管理：

⑴嚴格控制訂貨量，儘量減少積壓；

⑵嚴格控制庫存時間；

⑶必須按材料的製造日期嚴格實施先進先出管理。

圖 6-6-1　短期限物料的管理

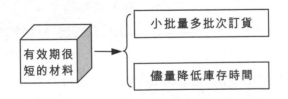

7 防爆炸管理

　　防爆措施的責任首先是管理者的責任，管理者通過識別爆炸風險、制定防爆目標、分解工作責任等措施，把整個公司的防爆工作任務落實到具體的部門、班組和人員，然後像管理其他的過程一樣實施各種預防和控制措施，消除隱患，從而最終實現防爆。常見的防爆措施主要有：

1.壓力容器防爆

　　壓力容器運行工況複雜，承受的載荷也形式多樣，如壓力波動、溫度變化、重力載荷、自然條件侵蝕等。使容器壁產生局部或整體變形，產生交變應力作用，容易造成壓力容器破壞失效，產生爆炸危險。由於壓力容器具有爆炸、火災及中毒等危險特性，為確保安全調運，必須加強管理措施。這些內容主要包括：

　　⑴按規定選購、安裝、調運和使用壓力容器。保證壓力容器符合安全技術要求，具有生產許可證明、產品合格證和品質證明書等。

　　⑵執行使用者的登記與備案制度，確保持證使用。

　　⑶按有關規定執行變更與報廢。包括過戶變更、使用變更、安全狀況等級確認和報廢處理等。

　　⑷加強對容器的現場管理。應定時、定點、定線進行巡　檢查，監督安全操作規程和崗位責任制的執行狀況，嚴禁超溫、超壓運行，經常檢查安全附件是否齊全、靈敏和可靠。

　　⑸按有關規定對壓力容器進行定期檢驗，要遵守 1 年外檢，3

年內外都檢，6 年全面檢的規定。

2. 易燃易爆品防爆

易燃易爆品主要指危險化學品，這些東西是導致火災、爆炸事故的物質基礎，要保證物料管理安全，就必須加強對危險化學品的安全管理。這些措施主要有：

⑴建立健全危險化學品的安全管理制度。包括：嚴格執行管控規定；落實安全責任制；實行人員培訓合格後才能上班工作等。

⑵確保生產、儲存和使用危險化學品企業具備下列條件：

①有符合標準的生產技術、設備，或存儲方式、設施；

②工廠、倉庫的週邊防護距離應符合國標或規定；

③有符合生產、存儲需要的管理和技術人員；

④有健全的安全管理制度；

⑤與規定場所的安全距離應符合要求；

⑥適當標識或公告危險化學品的危害性；

⑦具有適可的配合設施，並確保其功能正常；

⑧相關的生產、存儲裝置應每年進行一次安全評價；

⑨倉庫應當符合國家標準對安全、消防的要求，防範措施到位，設置明顯標誌。

⑶危險化學品包裝安全保障。包裝材質、形式、規格、方法和單件重量等，應與該物品用途相適應，便於裝卸、運輸和儲存。

⑷嚴格執行危險化學品經營許可證制度，無證不得以任何形式從事經營活動。

⑸嚴格執行危險化學品登記管理制度和登記管理程序。

8 防災措施

防災與減災措施的首要任務就是預防並消除它。這些現象在物料管理工作中的表現主要有：

⑴天花板漏水，每當有下雨之時，室內總是滴滴答答的；

⑵在臨近廁所或水道的地方易發生牆體滲水；

⑶抗風保溫等抵禦自然災害的能力不足；

⑷窗戶玻璃安裝不當，經常有漏雨、晃蕩或松脫等現象；

⑸「走扇」的門與窗，非固定不能穩住；

⑹門鎖、開關不能順利地開啟或關閉到位；

⑺消防栓打不開或經常不通水；

⑻電線未按規定鑲嵌，被胡亂地紮在一起；

⑼標識牌、貼的標語等歪歪斜斜，褪色或有脫落現象；

⑽拉貨的小車顛簸大、吱吱響；

⑾倉庫的某些位置照明不足，光線暗；

⑿貨架發生了扭曲或變形；

⒀環境溫度、濕度等得不到總有效控制；

⒁電話或通訊工具雜音大、音量小；

⒂寫報告的紙太脆，很容易被筆尖劃破；

⒃電腦運作與管理系統脆弱、經常出錯。

防災是一個普遍性的概念，對於倉庫來說卻包含著諸多具體的措施，下面的一些內容就是我們所常見的：

⑴地勢優越時，可以避開洪澇災害；

⑵框架式的房梁結構能抵禦 7 級以上的地震；

⑶內牆使用的是阻燃性材料製成的防火板，如石膏板；

⑷倉庫內裝置了自動噴淋系統和煙霧報警系統；

⑸危險物品獨立放置，且限定了每個區域的最大存儲量；

⑹在倉庫進行電焊等明火作業時需要有經理級別以上人員批准，並在作業過程中至少有一人專門進行全程防護；

⑺建立了倉庫的有效性管理體系，以防止環境驟變產生惡果；

⑻有識別的措施能阻止諸如白蟻之類帶來的損害；

⑼針對各種物料的特性都有相應的管理措施。

實施防災措施可能需要一定的投入，但是，要正確認識這種投入對於企業長期經營是十分有效的。因為你投入的可能只是一分，而防止的損失可能是七分、八分或者更多。防災的投入與取得的效應可能不成比例。

9 反恐怖措施

恐怖活動是近年來發生的一種新的威脅，雖然它的範圍不大，但其突發性令人防不勝防，因此，它的影響是很大的。一些國家出於反恐的需要，對工廠的出貨管理也管得特別嚴格。如果被檢查出你的反恐措施能力不足時，那就會面臨停止供貨的風險。

1. 工廠週邊

工廠的四週應有圍牆，牆體的虛、實、高、矮倒並不重要，關鍵

是能起到明顯的界限作用，並能阻止一般的非有意者或動物闖入。大門上可以上鎖（包括所有的大門），大門應與牆體相匹配。

2.工廠的鑰匙控制

工廠的鑰匙必須要由授權的人員控制，例如行政部的值班人員、保安隊長或其他專門的人員。可以放在行政部經理的辦公室裏，如果發現鑰匙丟失或被別人擅自拿用過時，應優先考慮是否需要更換鎖頭。

3.保安政策

必須建立保安管理制度、保安員工作守則等文件，並在適當的地方予以公佈。這些文件的目的是要求保安員知道怎樣去工作，明確職責，並把工作做好。

工廠不僅要有場地平面佈置圖，也要有安全保障能力分佈圖。後者的內容主要包括：警衛亭/崗的數量、位置，人員、換班流程、巡更方式、記錄點、重要點等以及配合緊急情況的路線。

4.安全須知訓練

安全訓練需針對全體員工進行，訓練內容有：人身安全知識和技能、防範意識、異常公共情況處理方法以及抵制恐怖行為等。

5.值勤制度

工廠必須安排全天候的值勤制度，即每週 7 天，每天 24 小時有人站崗。對於有輪班制度的工廠，其值勤能力應與相應的輪班制度相適應。例如輪班的人數足夠嗎？每班是否指定了具體的負責人，以確保能及時處理突發的問題等。

6.來訪制度

外來人員到工廠訪問時，是否進行檢查和登記？他在整個逗留期間的行動得到管制了嗎？管制措施應包括監控、授權通行、人員陪

同等。

7. 保衛人員管理

所有的保衛人員須接受背景調查，適當時還應有擔保措施。被合格錄用的人員要按計劃接受培訓、教育和訓練，並進行定期評價，對於表現欠佳的人員應規定妥善的處理方法。

8. 監控措施

應根據工廠的性質、生產規模、產品狀況等因素制定監控措施，包括閉路電視監控系統、安全報警網路、人員監視制度、防錯與防誤措施等。

9. 員工進出

識別員工的標記是什麼？工作服或廠證嗎？僅有這些是不夠的。員工進出工廠時必須出示附有相片的工牌，對於找不到具體工位的人員，現場管理者要及時要求其離開或尋找保衛處處理。

員工是否將隨身攜帶的物品帶進廠區？規定可攜帶物品的清單了嗎？這些規定應能阻止任何妨害工廠安全的物品進入廠區。

10. 車輛進出

車輛進出工廠時應進行檢查，尤其當外來車輛進入時不僅要檢查來賓和司機，還需要對車輛進行適當檢查，或要求把車輛停放在規定的停車場內。應注意隔離外來車輛與公司車輛的放置狀態，最起碼要把他們區別開來。當車輛離開時也要辦理離開手續。

11. 貨區管理

工廠內的出貨區、裝卸貨區和存放貨區應有監控措施以確保安全。這些措施包括指定人員看管、安裝監視用攝像頭和自動報警器等。正在裝貨的貨櫃必須有專人負責看管，要規定這些人員的職責和許可權，並授權行使。

12.物流管理

進出廠區的貨櫃是否經過檢查以防止改裝，對於發現的改裝貨櫃要規定處理的措施和方法，並明確那些人員具有檢查的資格。

為確保進出的貨物與文件上規定的內容相同，應明確規定檢驗封條的方法。例如對鉛封、鎖頭、貼紙和印記等物品的標識和識別的方法。

是否指定了專門人員給成品貨櫃貼封條？這些方法得到顧客的承認了嗎？確保出貨正確的方法應在程序文件中得到規定。

未裝滿的貨櫃是否上鎖，有那些預防措施可保證這些貨櫃中貨物的安全和不會有非預期的物品裝入。空貨櫃應放在規定區域並上鎖，以防被誤用。

10 貴重物品的管理

貴重物品因為價值較高，所以要根據物品的貴重程度實施不同級別的管理，常見的方法是保險櫃管理法和專用倉庫管理法。

1. 保險櫃管理法

主要適合於保管金、銀、水銀等貴重物料。保管時實行二人管理制，具體方法如下：

⑴將保險櫃放置在規定的倉庫內；

⑵保險櫃由二人(保管員和監督員)掌管密碼，只有二人同時在場時方可開啟；

⑶建立保管物料的清單，實施記賬和過磅管理；

⑷倉庫主任每月點檢確認一次。

2.專用倉庫管理法

主要適合於保管 IC、焊錫條、羊絨等價值比較高，且數量又大的料。保管時實行專人專管的管理制度，具體方法如下：

⑴專用倉庫設置成防盜型的，如配置自動報警和監視系統，安裝防盜門、密碼保險窗等；

⑵指定專職倉管員進行物料管理；

⑶一般至少需要每週盤點；

⑷擔當人員須每週向上級報告工作主要內容；

⑸倉庫主任每月點檢確認一次。

11 危險物品的管理

危險物品因為其本身存在危險性，一般要根據物品的危險程度實施不同級別的管理。常見的方法有隔離管理法和專用倉庫管理法。

1.隔離管理法

即是把存在危險性的物品與其他物品隔離開來，分別放置。如包裝完好的化工原料、印刷油墨等。具體方法是：

⑴劃分好需要隔離的區域；

⑵設置必要的柵欄等隔離器具；

⑶標識並指示隔離區域；

⑷按規定保管存放的隔離物品；

⑸注意加強監視被隔離物品的存放狀態。

2.專用倉庫管理法

專用倉庫管理法是設置專門用途的倉庫，用以存放高危險性的物品。如炸藥、汽油、天那水等。具體方法是：

(1)針對存放物品的特性要求建造適宜的庫房；

(2)建造完成後需要得到專家的認可：

(3)制定專用庫房管理細則；

(4)培訓倉管人員；

(5)按規定保管存放的專門物品；

(6)加強各種環境要求的監控；

(7)隨時檢查專門物品的狀態；

(8)倉庫主任要定時監督並確認。

12 易生銹物品的管理

易生銹材料是指那些具有加工切口的鐵類物料，因其切口處沒有抗氧化的保護層，故容易發生氧化生銹。如有沖壓口的機器外殼，有螺絲口的墊片等。

1.對這類物料的管理方法

(1)設置易生銹材料倉庫；

(2)按防銹標準要求實施管理；

(3)嚴格控制易生銹材料的庫存時間；

(4)嚴格執行先進先出的原則；

(5)一旦發生生銹現象時要及時通報並處理；

(6)檢討導致生銹產生的原因，積極採取應對措施；

(7)記錄庫區管理的有關資料，分析、判斷和預後；

(8)在必要時製作控制圖，用以有效管制；

(9)倉庫主任須按月別確認管理效果。

2.金屬防銹蝕

金屬銹蝕是指金屬製品在環境介質（潮濕的空氣及酸、鹼、鹽等）作用下，發生化學或電化學反應所引起的破壞現象。在儲存中發生銹蝕的因素有兩個方面：一是金屬製品原材料結構不穩定、化學成分不純，物理結構不均勻等，是引起金屬製品銹蝕的內因；二是由於空氣溫濕度的變化，空氣中的腐蝕性氣體和金屬表面的塵埃都是影響金屬製品發生銹蝕是外因。

圖6-12-1　易生銹物品的管理

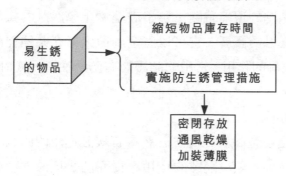

金屬防銹就是根據金屬銹蝕的內因和外因，積極採取相應的有效措施，防止或減緩金屬的銹蝕。金屬銹蝕，主要是由於電化學腐蝕而引起的，所以金屬防銹主要是破壞形成電化學腐蝕的條件，抑制電化學腐蝕的進行。

⑴防止金屬銹蝕的一般措施

創造良好的條件，選擇適宜的場所，改善儲存環境，是進行金

屬製品養護的最基本措施。在倉庫裏，對影響金屬銹蝕的內在因素無法改變和控制，所以只能根據影響金屬銹蝕的外界因素，採取相應的措施。

①防水防潮，保持乾燥。

②避免庫內溫度的急劇變化，相對濕度一般不超過 70%。

③儘量避免有害氣體的影響。

④防塵除塵搞好衛生。

⑤裝卸防止機械損傷。

⑥庫內嚴禁與化工物料或含水量比較高的物料同庫儲存，以免相互影響，引起銹蝕。

(2)噴塗緩蝕防護層

從金屬腐蝕的原理可知，金屬腐蝕主要是電化學腐蝕，而電化學腐蝕直接與週圍的環境有關、為了破壞電化學腐蝕的條件，可在金屬表面噴塗緩蝕防護層，它可以將金屬與大氣在某種程度上隔離起來，起到防腐蝕的作用。常用的防護層有防銹油脂、氣相緩蝕劑、可剝性塑膠等。

①塗油防銹

塗油防銹是在金屬表面噴塗一層具有緩蝕作用的防銹油脂，以起到可將金屬與外界環境隔離的作用，從而防止或減弱金屬製品的生銹。

這種方法簡便易行，但要在一定條件下進行效果才佳。另外，隨著時間的推移，防銹油逐漸消耗，或者由於防銹油的變質，仍會使金屬製品生銹。所以，用塗油法防護金屬製品生銹要經常檢查，發現問題及時採取新的塗油措施，以免造成損失。

防銹油脂要求具有較好的緩蝕能力，對金屬有良好的附著力，

成膜完整、緻密、均勻、牢固，油膜應有一定的強度、穩定性和防水性，防銹油應易噴塗、易清除、無毒害。防銹油脂分軟膜和硬膜兩類。目前採用的油脂主要有蓖麻油、變壓器油、凡士林、黃油、機械油、儀器油等。為提高防銹油的耐熱性能、油脂強度以及對製品表面的附著力，常加蠟、松香和緩蝕劑。

②氣相防銹

氣相防銹是利用揮發性的固體物質——氣相緩蝕劑，在金屬製品週圍揮發出緩蝕氣體，來阻隔腐蝕介質的腐蝕作用，以達到防銹的目的。氣相防銹方法簡便，效果良好，有效期長。但必須保持密封狀態，否則氣體外溢，會影響防銹效果，縮短有效時間。

氣相緩蝕劑應具備下列條件：具有適宜的揮發性和擴散能力；具有良好的化學穩定性，在使用條件下不因光、熱等因素的作用而變質；在水中或有機溶劑中有一定的溶解度；有良好的緩蝕防銹能力；無嚴重毒害性。氣相緩蝕劑的種類很多，主要是無機酸或有機酸的胺鹽、酯類、硝基化合物及其胺鹽、雜環化合物等。氣相緩蝕劑的使用方法有氣相防銹紙法、粉末法、溶液法等。

③可剝性塑膠防銹

可剝性塑膠是以塑膠為成膜物質，配合以增塑劑、穩定劑、緩蝕劑等所組成的防銹塗料。其特點是所形成的塑膠膜並不與金屬製品結合在一起，而是處於互不黏連的狀態，很容易剝掉。可剝性塑膠可分為熱熔型和溶劑型兩大類。使用可剝性塑膠防銹，對各種金屬製品都有良好的防銹效果，而且防銹期長，不但適用於小件製品的封存，而且對大型設備的保護更為適用。是很有發展前途的防銹方法。

3.金屬除鏽

應根據金屬材料及製品的鏽蝕程度、精密度、價值、形狀、批量等不同情況，採用相應的除鏽方法。金屬除鏽方法可分為物理方法和化學方法。

(1)物理方法除鏽

物理方法除鏽是利用機械摩擦除去鏽層的方法，又分為人工除鏽法與機械除鏽法。

人工除鏽也稱手工除鏽，是靠人工使用鋼絲刷、銅絲刷、砂紙、砂布等打磨鏽蝕物表面，除掉鏽層的方法。對於比較粗糙的鋼鐵製品，可使用鋼絲刷或粗砂布粗砂紙打磨；一般精度的金屬製品及零件，可用軟銅製或細砂布(紙)打磨；表面有鍍層或經過拋光的金屬製品，可用紗布蘸拋光膏、去污粉等打磨。

人工除鏽，效率低，需要花費較多的工時，因此只適用於數量少或無法使用機械除鏽的情況。

機械除鏽法是利用專用的機械設備進行除鏽的方法，有旋轉摩擦輪除鏽法、滾筒除鏽法和噴砂除鏽法等。

(2)化學方法除鏽

化學方法除鏽是利用酸或鹼溶液，與金屬表面鏽蝕產物發生化學反應，將鏽蝕產物溶解、除掉的方法。最廣泛採用的化學除鏽法是酸洗法。主要依靠酸與金屬鏽蝕產物發生化學作用，使不溶性的鏽蝕產物變成可溶性物質，脫離金屬表面溶入溶液中，達到除鏽的目的。酸洗除鏽液，主要由無機酸和緩蝕劑(或鈍化劑)配製而成。常用的無機酸有硫酸、鹽酸、硝酸、磷酸、氫氟酸等。

13 易耗損物品的管理

易耗損物品是指那些在搬運、存放、裝卸過程中容易發生損壞的物品，如玻璃和陶瓷製品、精密儀錶等。對這類物品要小心實施管理：

(1)嚴格執行小心輕放；

(2)盡可能在原包裝狀態下實施搬運和裝卸作業；

(3)不使用帶有滾輪的貯物架；

(4)不與其他物品混放；

(5)利用平板車搬運時要對碼層做適當捆綁後進行；

(6)一般情況下不允許使用吊車作業；

(7)嚴格限制擺放的高度；

(8)明顯的標識其易損的特性；

(9)嚴禁滑動方式搬運。

圖 6-13-1　易耗損物品的管理要點

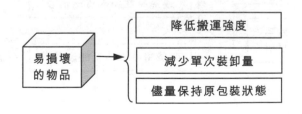

14 敏感材料的管理

　　敏感材料是指那些材料本身具有很敏感的特性，如果控制失誤就有可能導致失效或產生事故。如材料磷可以在空氣中自燃，IC 怕靜電感應，膠捲怕曝光，色板怕日曬風化等。對這類物品按如下的方法實施管理：

　　⑴接收並明確原製造商的要求；

　　⑵培訓倉管員瞭解和掌握該類物品的特性，實施對口管理；

　　⑶有必要時要設置專人保管倉庫；

　　⑷務必在原包裝狀態下搬運、保管和裝卸；

　　⑸設置必要的敏感特性監視器具，以便有效消除敏感的環境因素；

　　⑹必要時向有關專家諮詢管理的建議措施；

圖 6-14-1　敏感材料的管理要點

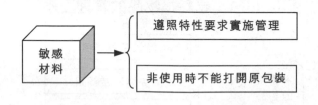

案例　顧問公司對庫存管理的檢核項目

1. 組織

(1)組織原則

①物料管理是否由專設部門負責？

②物料管理部門是否直屬首長？

③是否有內部牽制之制衡作用？

④是否注意庫存績效？

⑤組織是否具有彈性能應付特殊業務？

⑥組織目標是否明確說明？

(2)組織功能

①材料管理單位是否與其他單位有良好聯繫？

②組織特性是否內外並重？

③材料管理單位是否有執行材料管理能力？

④材料管理人員對本身職務是否熟悉？

⑤材料管理人員是否具備商務及會計等知識？

⑥材料管理組織是否能以專業化編成？

2. 物料分類編號

(1)所用之分類編號方法是否簡單明瞭？

(2)是否接近國際通用者？

(3)是否有比較性？

(4)是否有伸縮性？

(5)是否已有其他單位採用？

⑹是否可以利用計算器處理？

3.計劃需求

⑴每種產品是否具有材料表？

⑵所有材料表中是否亦將零元件用料列入？

⑶材料表中是否列有使用工作點？

⑷表中是否依生產計劃列有使用前後層次？

⑸材料是否容易更改？

⑹是否將實際發料與材料表需求作比較分析？

⑺是否將上項分析結果分送有關單位？

⑻是否將材料表中相同材料匯計？

⑼計量需求材料表是否由項目計劃計算而得？

⑽修護用材料是否有材料表，以供事前準備？

4.存量控制

(1)存量基準之制定

①是否考慮物料預算？

②是否考慮財務情形？

③是否參考已往之耗用記錄？

④是否對購料方式考慮？

⑤是否對運轉情形考慮？

⑥是否考慮物料性質？

⑦是否考慮物料來源？

⑧是否考慮物料價格？

⑨是否考慮市場情形？

⑩是否考慮倉庫容量？

⑪已制定基準，是否作定期或不定期之調整？

(2)存量控制記錄

①是否列有物料之編號、名稱、規範、預算量、耗用率、最高存量、最低存量、存放庫位等項目？

②是否列有物料請購資料：包括請購器號、數量、用料日期等？

③是否列有物料訂購資料：包括合約號數、數量、交貨日期等？

④是否列有物料收料資料：包括收料單號、合約號數、日期、數量等？

⑤是否列有物料發料資料：包括發料單號、工作單號、日期、數量等？

⑥是否列有物料結存資料(包括分庫數量及共計數量)

⑦是否列有物料支配量資料：包括工作單號、數量等？

⑧是否結算填注物料之可供用量？

⑨各種物料動態憑證是否送控制部門登記？

(3)有關職務所屬及經辦人應具條件

①是否設立管制單位或專人存量控制工作？

②是否能與料賬單位協調合作？

③經辦人員是否明瞭全部生產計劃？

④經辦人是否明瞭所經物料性質及詳細用途？

⑤經辦人員是否熟諳全部料務規程及手續？

⑥經辦人員是否配合生產進度與物料供應？

⑦經辦人員是否具有必須之責任權力？

⑧經辦人員是否具有計劃才能？

5.物料運搬

(1)是否考慮物料種類？

(2)是否考慮起點(收集點)情形？

⑶是否考慮終點(分佈點)情形？

⑷是否考慮物料之使用情形？

⑸是否考慮物料使用點之工作情形？

⑹是否考慮物料重量？

⑺是否考慮運搬距離？

⑻是否考慮每一來回需要時間？

⑼是否考慮運轉情形(連續或間歇)？

⑽是否考慮單位包裝之重量及體積(大或小，重或輕)？

⑾是否對行徑路線考慮？

⑿是否對將來擴展性及變換性進行過考慮？

6.倉儲

⑴存儲空間是否充分利用？

⑵是否能節省人力與時間？

⑶是否便於收發？

⑷物料是否獲致應有之保護？

⑸短期待運、體積龐大、搬運困難者是否在接近裝卸區？

⑹對於進出頻繁，流動性大之材料，是否在接近門或裝卸區儲存？

⑺對於大量材料，是否存於倉庫正中或較後進庫以利堆高？

⑻對於少量之材料，是否存於倉庫較偏遠處；不足整箱者是否存於櫃架？

⑼對於重量大之材料，是否存於下層地面？

⑽對於吸潮性大的材料，是否儲存較乾燥處？

⑾對風化性較大材料，是否存在空氣較不流通處？

⑿對於磁性材料是否已隔離放置？

⒀對於氧化性較強之材料，是否放置於乾燥場所？

⒁庫房的儲存空間是否考慮三度空間要求？

⒂庫房儲存空間是否考慮每週(或每日)的需用量？

⒃庫房的儲存空間是否考慮容量或單位負荷？

⒄庫房的儲存空間是否考慮通道之寬度與數量？

⒅庫房的儲存空間是否考慮安全上之需求？

⒆庫房的儲存空間是否考慮要預留空間之需求？

⒇是否據材料種類、性質來選擇儲存地點及或庫存方式？

(21)庫存儲位是否已妥為區分，預留通路，明白標示以便於進出倉庫及收發作業？

(22)所有櫃、架、箱、桶是否已妥善陳列並明白標示？

(23)種類相同之材料，是否集合儲存？

(24)對於庫房空間之高度是否置備堆高工具，以利應用？

(25)每一儲位已置備儲位卡或其他標識？

(26)材料堆與堆之間是否已保留適當的空間？

(27)設置必要的集散、裝卸、辦公區域時，是否考慮經濟及便利性原則？

(28)當依儲存方法及搬運設備特性，而設置必要之通道時，是否有浪費現象？

(29)每項材料是否採用定位管理？

(30)庫存位置編號是否由大至小，逐次細分方式加以編成的？

(31)庫位編號是否記入庫存控制記錄卡片上？

(32)庫位編號是否另編儲存位置卡，利於發料人員使用？

(33)庫房設計是否可考慮採用全自動供料系統？

7.物料盤存

(1)準備

①是否訂定盤點工作計劃？

②是否估定盤點日數？

③是否預定盤點起訖日期？

④是否知照有關部門？

⑤盤點方法是否先行決定？

⑥待盤物料種類數量是否預行估計？

⑦對應退物料是否催促退庫？

⑧盤存人員是否對各物料熟諳？

(2)進行

①是否清理盤存記錄表？

②是否核對差存報告表？

③是否核對呆滯報告表？

④是否核對變質報告表？

⑤是否核對覆驗知照表之覆驗結果？

⑥是否查填賬存量及全額？

⑦是否盡可能將盤存結果檢討？

(3)處理

①是否作盈虧處理？ ②是否作損耗處理？

③是否作呆滯處理？ ④是否作責任追查？

⑤是否作事後改進？ ⑥是否對盤存結果作詳細分析？

步 驟 七

要設法降低庫存量壓力

1 庫存種類

庫存過多會造成公司經營壓力,各類庫存可區分如下:

1. 依庫存的科目分類

庫存各類,根據會計科目加以分類,則可分成材料庫存、在製品庫存、成品庫存等三類。

(1)材料庫存

製造產品時以直接消費為目的所購入的主材料、副資材、購入零件、及外包零件等之庫存。

(2)在製品庫存

自投入材料至成品化為止之過程中,正在加工的物品,以及被保管在制程之間或中間倉庫的物品庫存。在製品庫存依據發生要因,可區分為制程等待庫存和製品批等待庫存。

制程等待庫存系指製品批全部為了等待加工、檢驗、搬運等而

停滯的庫存。乃是由於因訂單的變更或機械故障、作業者的缺勤、不良品的發生等所造成的暫時性餘力的不平衡；從許多制程進入本制程；前後制程批數及作業時間的不同；以及制程之非同步化等所發生的庫存。

製品批等待庫存系指在批量生產上，1 個正在加工時，其他以未加工或正要加工的狀態停滯的庫存。乃是不以流程方式生產，而是由於實施大批量生產所發生的庫存。

⑶成品庫存

材料及零件經過種種制程的加工，成為完成品而被保管的庫存。

2.依庫存品的性質分類

根據庫存品所具有的性質加以分類：

⑴必要的庫存

欲使工廠繼續順利地操作下去，最低限度必須持有的庫存，包括：週轉庫存，不斷使用中的庫存。安全庫存，為應付追加或緊急插入等訂單之變動、交期遲延之發生、不良之發生等之變動而持有的庫存。

在季節變動激烈的企業，為了謀求工廠作業度的平準化，而於非尖峰時期，政策性地實施計畫生產所持有的庫存。但是，預測有所偏差時，可能會造成生產過剩與庫存過剩，因此必須注意。

⑵不需要的庫存

本來就不需要持有的庫存，以及必須努力使之不必持有的庫存，可分類為：

①過剩庫存，在不斷使用的品目上，超過標準庫存量的庫存。

②挪用庫存，接近於陳腐化庫存、劣化品庫存的物品當中，可能挪用於其他用途的庫存。

③長期保管庫存，因為經過長期之後偶爾也會使用，所以加以保管的庫存。

④陳腐化庫存，隨著新產品的開發或產品壽命的終了而陳腐化的產品庫存，或由於設計變更而陳腐化的零件庫存等。

⑤劣化品庫存，由於長期的保管，以致品質完全劣化，而變成不能使用的庫存。

3.不同部門對庫存的要求

庫存管理是生產企業最重要的環節之一，與採購、銷售、物流、生產等具有密不可分的聯繫。

庫存在生產企業中佔有重要地位，但是不同部門對庫存來說，有著不同的要求。

表 7-1-1　不同部門對庫存的要求

部門	對庫存的要求	所要達到的目的
倉儲部門	希望儘量保持最低庫存水準	以減少資金佔用，節約成本
採購部門	希望大量採購	獲得價格優惠的採購價格
銷售部門	希望庫存充裕	以滿足客戶的需要
生產部門	希望庫存充裕	以滿足生產的需求
運輸部門	希望多運輸	以提高效益和效率

其他部門希望庫存盡可能多，倉儲部門根據成本控制的原則卻要求庫存盡可能少，因為庫存過多，會產生不必要的庫存費用，甚至會發生損失，進而額外增加成本。

庫存具有整合需求和供給的功能，可以維持物流系統中各項活動順暢進行。當客戶訂貨交貨期比企業從採購物料到生產加工再到將貨物送達客戶手中的時間（即供貨週期）要短的情況下，預先的庫

存就顯示出作用來了。因為這樣一來,企業就不用擔心延長交貨期或發生缺貨的情況。

2 如何預防庫存過多

庫存與許多部門密切相關,在企業中佔有重要地位,但是庫存對於不同的部門來說,有著不同的要求。

表 7-2-1 不同部門對庫存的要求

部門	對庫存的要求	所要達到的目的
倉儲部門	希望儘量保持最低庫存水準	以減少資金佔用,節約成本
採購部門	希望大量採購	獲得價格優惠的採購價格
銷售部門	希望庫存充裕	以滿足客戶的需要
生產部門	希望庫存充裕	以滿足生產的需求
運輸部門	希望多運輸	以提高效益和效率

其他部門希望庫存盡可能多,而倉儲部門根據成本控制的原則卻要求庫存盡可能少,因為庫存過多,會產生不必要的庫存費用,甚至會發生損失,進而額外增加成本。

這存在很大的矛盾。那麼,如何調解這種矛盾呢?這就涉及優化庫存的問題。也就是說,如何將庫存做到最優,如何滿足企業生存與發展的需要,成為企業生產與成本控制協調的關鍵。優化庫存就是用最經濟的方法和手段從事庫存活動,並能發揮其最大的作用。

庫存具有整合需求和供給的功能,可以維持物流系統中各項活

動順暢進行。當客戶訂貨交貨期比企業從採購物料到生產加工再到將貨物送達客戶手中的時間（即供貨週期）要短的情況下，預先的庫存就顯示出作用來了。因為這樣一來，企業就不用擔心延長交貨期或發生缺貨的情況。

1. 業務/銷售部門

⑴銷售人員接受的訂貨內容應確實把握，並把正確而完整的訂貨內容傳送到計劃部門。

⑵加強預測，儘量利用訂單制定銷售計劃，避免銷售計劃頻繁變更，使購進的材料失去利用價值而變成倉庫中的呆料。

⑶顧客的訂貨應確實把握，尤其是特殊訂貨應設法降低顧客變更的機會，否則已經準備的材料，尤其是特殊型號和規格的材料，非常容易造成呆料。

2. 設計部門

⑴設計完成後先經批量試驗後才可以大批訂購材料。

⑵加強設計管理，避免因設計錯誤而產生大量呆料。

⑶設計時要儘量使用標準化的材料。

3. 計劃與生產部門

⑴在新舊產品更替期要週密安排，以防止舊材料變為呆料。

⑵加強與業務部門的溝通，增加生產計劃的穩定性，對緊急訂單妥善處理；若生產計劃錯誤而造成備料錯誤，就會產生呆料。

⑶生產線加強管理以及對發料、退料加強管理。

4. 貨倉與物料控制部門

⑴物料控制部門對存量加以控制，勿使存量過多。

⑵強化倉儲管理，加強賬物的一致性。

⑶減少物料的過多採購。

5.品質驗收管理部門

⑴物料驗收時，進料嚴格檢驗。

⑵加強檢驗儀器的精確化，並同供應商協商確定檢查的標準及方法。

3 消滅庫存量

為了更有效地做好庫存量控制這一重要環節，必須找到正確的解決思路。一般來說，控制庫存量的首要任務是通過盤點管理瞭解清楚現有庫存的規模、價值等，並按照 ABC 分析法對庫存商品進行區分，隨後應用定置管理法明確各種物料的放置地點、堆放方式等。

完成對物料放置的區分和明確化後，就可以採用消減流動庫存量和中止生產供應這兩種方法來控制庫存量。通常情況下，對於比較容易購得的物料，最好的庫存控制方法就是隨時買隨時用，甚至可以讓物料從市場購入後跳過倉庫儲存環節，直接進入生產線；對於倉庫中已經存在的商品或物料，則可以通過清倉處理、降價銷售兩種方式處理滯銷和睡眠等商品，從而盡可能地消減庫存品的數量。

圖 7-3-1　有效消減庫存量

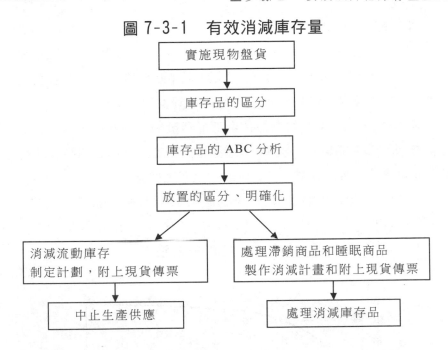

4　ABC 分析法的有效活用

　　存貨是公司營業活動的重心所在，也是重要的收益來源之一，尤其對買賣業而言，存貨更是公司經營的關鍵所在。商店裏的商品愈豐富就愈受到顧客的喜愛。為了抑制存貨而減少店裏的商品，不僅無法招攬顧客，而且很有可能因而喪失許多很好的銷售機會。

　　按照庫存品的重要性程度不同，分別加以區別管理，以示企業的有效經營管理。

1. ABC 分析的優點

ABC 分析是將所有的庫存品按一年間的消費（或銷售）金額依大小順序依次排列下來。按各品目將累計金額及件數，分別計算對全部消費金額及全部品目數的比率，並以線圖表示出來。

觀察下圖可知 A 品目群僅佔全部品目數的 10%左右，但是其群之消費（銷售）金額累計，可達全部金額的 70%以上，這是影響企業經營頗鉅的數字。反過來看，C 品目群的品目數雖然佔 70%之多，但年間消費（銷售）金額累計則僅僅佔全部金額 10%以內。至於 B 品目群，是其餘的部份。

圖 7-4-1　ABC 分析法

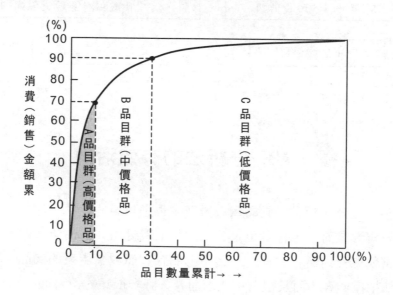

因為時常有這種不均等分佈的現象，所以對於 A 品目群要確切地實施高度而嚴密的管理。C 品目群的品目數太多了，應該加以簡潔化處理。B 品目群的地位介於 A、C 群之間，故宜施以中間性的管理。

2.ABC 分析的進行法

　　企業界以前也曾經開發過無數管理計劃，但是其中沒有一種計劃比 ABC 分析的重點管理更能迅速產生效果，也不會有一種方略比它更具有廣泛的適用層面。另一項受人歡迎的原因是其分析方法簡單易行，誰都能做。

　　利用 ABC 分析，加以有效的管理，改變努力的標的與方針，往往只須付出相等的代價（努力）就能獲致二倍的功績，或僅僅付出一半的成本，便能稱心地達到預期的效率與成果。

　　用商品管理實例來表示時，我們利用 ABC 分析而對重點（高價格）商品群——5～10%加以管理，就能控制年間銷售金額的 50～80%。

　　採用 ABC 分析時，如果太過於強調「重點管理」，往往有迷失ABC 分析的本質之虞；施行 ABC 分析，最主要的乃是達到簡素化，重點管理可認為是次要的。

3.ABC 分析圖的作法

　　施以 ABC 分析時，必須作成滿足所需之統計值的計算表，和依據此計算表而繪製成的曲線圖。

　　現在，依序說明作業手續。先請看看次頁左邊的計算表，以此分析表作為繪製統計圖的數據。

表 7-4-1　計算表

A	品目名稱	A	C	G	F	E	I	D	H	B	J
B	銷貨額（千元）	400	200	100	80	70	60	30	30	20	10
C	構成比率（%）	40.0	20.0	10.0	8.0	7.0	6.0	3.0	3.0	2.0	1.0
D	累計比率（%）	40.0	60.0	70.0	78.0	85.0	91.0	94.0	97.0	99.0	100.0

手續 1：

首先在 A 欄及 B 欄中，從銷售額較高的商品品目名稱（或品目編號亦可），及銷貨額按大小順序寫入。

手續 2：

將各品目之銷貨額佔總銷售額之多少百分比寫進 C 欄內。

手續 3：

將累進的構成比率列入 D 欄；以 C 品目為例，D 欄數值為 A 品目構成比率 40%和 C 品目構成比率 20%的合計 60%，其餘類推。

作好了計算表後，就要據此為基礎去畫統計曲線圖。

手續 4：

請見圖 7-4-2，將計算表中 A 欄的商品名稱（a、c、g、f、e、i、d、h、b、j）適當地移至統計圖的橫軸上，並且保持相當的間隔。

圖 7-4-2 銷售額曲線圖

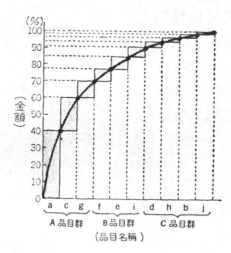

手續 5：

另一方面，在縱軸上則取 0～100%的構成此率。

手續 6：

橫軸與縱軸決定後，接著自橫軸的商品名稱（A 欄）以及相對應的縱軸累計比率（D 欄）分別劃出向上與向右方向的垂直線來，使之交叉。

手續 7：

最後將各交叉點連起來，形成統計曲線。此中之 A 品目群（a、c、g）、B 品目群（f、e、i）、C 品目群（d、h、b、j）等，便是表徵重點管理優先次序的集團區分。

5 ABC 分析法的應用

ABC 分析不僅可以適用於庫存管理方面，其他如銷售管理、人事管理、工程管理、品質管理、成本管理等各分野的管理，也都可以通行無阻地適用。倘若不實施 ABC 分析而妄想節約成本，那是違反了「以最小努力獲得最佳成果」的經濟原則。

ABC 分析在運用於下述決策後也會帶來極佳功效——

⑴透過 ABC 分析而將製品或商品分成 A、B、C 品目群，改變其批購量和銷售量，就能輕易地降低庫存金額。

⑵製品及零件的出庫業務和記賬業務簡化後，可以除去 50～60% 的倉庫業務，對於勞力的節省有很大的貢獻。

⑶全製品和商品都一律嚴密地適用同樣的庫存管理尺度時，必定會增加間接人員的費用支出，提高成本。因此必須針對需要之互異而分別施以對策，譬如按照 A、B、C 之製品別來改變需要預測和

庫存管理方式；A 品目製品是高價格的，所以在選擇時應多費心些，且宜採取減少庫存的方法；B 與 C 群製品的種類繁多，因而若為了減少麻煩起見，寧願多留一點庫存也要採用較單純的管理方式。

有關 A、B、C 各品目群之處理方針如下：

[對 A 品目群的處理法]

對 A 類物料的管理應從以下幾個方面加強：

⑴勤進貨。最好買了就用，用了再買。這樣庫存量自然會降低，資金週轉率自然會提高。

⑵勤發料。每次發料量應適當控制。減少發料批量，可以降低二級倉庫的庫存量，也可以避免以領代耗的情況出現。當然，每次發料的批量應滿足生產上的方便與需要。

⑶瞭解需求的動向。即要對物料需求量進行分析，弄清楚那些是日常需要，那些是集中消耗。

⑷恰當選擇安全系統，使安全庫存量盡可能減少。

⑸與供貨廠商密切聯繫。要提前瞭解合約執行情況、運輸情況等。要協商各種緊急供貨的互惠方法，包括補貼辦法。

[對 B 品目標的處理法]

⑴管理應比 A 品目簡單些，在庫存調整期間則選用 A 品目的管理方式。

⑵金額較高的商品要採取定期訂購方式，或是定期、定量混合方式。

[對 C 品目群的處理法]

⑴防止庫存缺貨，多預備些安全庫存，減少訂購次數，藉以節約訂購費用。

⑵採用雙倉法(複棚法)，以求簡化管理手續。

⑶若是一通電話即能送貨來的品目,就不需有所庫存,宜在每次使用時購入,較為經濟。

6 首要任務是重點物料的庫存量管理

1. 掌握 A 物料的管理要點

重點關注 A 類物料,絕對不能出現缺貨現象,同時庫存水準要維持在最小。憑經驗和感覺進行庫存管理,往往會使 A 類物料庫存過多。因為 A 類物料暢銷,不用擔心銷售不出去而剩餘下來,漸漸地就持有大量庫存,所以,對 A 類物料要進行重點管理,必須徹底地降低庫存水準。

如果 A 類物料佔所有庫存金額的比率為 80%,B 類物料為 15%,C 類物料為 5%,A、B、C 各類物料都維持一個月的庫存,這時,全部庫存物料的回轉週期就是一個月。

將這個水準改變一下,將 A 類物料的庫存水準削減到現在的一半即半個月,B 類物料的庫存水準也同樣變成半個月,C 類物料則相反地增加到兩個月。這時的庫存回轉週期如表 6-3-1 所示,變成了 0.65 個月。佔所有品種 50%的常備庫存品的庫存可以變成兩倍,只要重點管理僅佔 15%的品種就能縮短庫存回轉週期。

請摒棄舊常識、舊經驗和感覺,充分理解怎樣管理 A 類物料才能既不發生缺貨、又能維持最低的庫存水準的要點。

小商品業也好,批發業也好,製造業也好,或者作為 A 類物料的品種數量少或多的時候,甚至從訂貨到入庫的準備時間(前置期)

短或長時等等情況下的管理方式都不相同，但不管是什麼情況，理應徹底管理 A 類物料。

表 7-6-1　庫存回轉週期的計算

等級	品種%	金額權重	庫存回轉週期	庫存回轉週期	加權平均
A	15%	80%	1 個月	0.5 個月	0.40 個月
B	35%	15%	1 個月	1.0 個月	0.15 個月
C	50%	5%	1 個月	2.0 個月	0.10 個月
合計			1 個月		0.65 個月

在製造業產品的庫存管理中，針對 A 類物料，應調查過去本公司內的需求動向，和主要客戶的銷售情報、生產計劃、庫存狀況，進行盡可能正確的需求預測，只採購必要量，這種思考方法是重要的。如果能正確地預測需求，則沒有必要持有幾乎所有的庫存。月末保留下來的庫存應該只是應對預測誤差的。

2.改進 A 類物料的庫存管理

身為產品管理部門的營業部門和工廠生產管理部門，要合作製成每月的生產計劃。在生產管理部門，進一步擬訂以中期計劃組合的日程計劃，或者考慮工廠的設備運轉情況改作實際的每月日程計劃。以產品管理部門要求的必要生產量和交貨期為嚴格遵守的條件，怎樣使工廠內的生產平衡化，是每月日程計劃的課題。

在該工廠的每月生產計劃、每月日程計劃的階段，最受重視的應該是 A 類物料。因為 A 類物料佔了生產量的 80%。以此為中心考慮日程計劃是有預見的做法。

即使是商品，A 類商品作為月計劃在每月一定的日子裏只籌備下月的必要量。作為月計劃訂貨，入貨方也容易訂計劃了，應該能遵

守交貨期。

　　被當作 A 類商品、產品的物料，以只籌備每月必要量為原則，絕對不要籌備超過必要量的物料。因為不是批量訂購，當然，所有 A 類物料可以每月進行反覆籌備或反覆生產。

　　籌備量大的時候，定下每次的生產量和入庫量，要與銷售出庫的空間相符，進行分批入庫乃至分批生產。

　　庫存只能保留應對銷售計劃或銷售預測的誤差部份，在持續接受訂貨生產形態的公司，必須考慮只保留應對突來訂單和次品退換或用於維修的庫存。

　　對 A 類商品、產品的庫存管理，考慮訂貨、生產的前置期，決定計劃提前期是應為半個月還是一個月。雖然提前期最好盡可能短，但要決定制訂了訂貨計劃後，最短需要幾天能入庫，在籌備進口物料時，也有花費 3 個月時間的。計劃期原則上為一個月，特殊情況則不得不訂 4 個月的計劃。用更週密的定期訂貨方式進行管理。

7 有效迅速降低庫存量的方法

　　若一個公司每年總銷貨成本為 3000 萬元，而目前此公司平均存貨水準為 1000 萬元(包括原物料、在製品、半成品與成品)，亦即存貨水準為 4 個月，假使我們能將存貨水準降低至 3 個月，則公司之現金資金將可增加萬 250 元，且全年生產成本將節省新台幣 62.5 萬元，若能將存貨水準降低至 3～4 個月，則現金資金將增加 400 萬元，且全年之生產成本將節省達 100 萬元之多。

1.庫存材料之降低方法

⑴從材料 ABC 分析,選出第 1～10 項「A」類材料。

⑵查核庫存數據記錄表,並至庫存實際盤點該 10 項之存量,以證明資料之準確性。

⑶仔細審核需要用到此 10 項材料之各類產品的制程計劃,若有需要則與生產管理人員及銷售人員研究並修正之。

⑷根據修正後庫存材料狀況及制程計劃,算出往後每星期之實際進貨需求量。

⑸至採購部門查核此 10 項材料之未交訂單之交期與數量。

⑹責由工業工程人員與採購人員,依狀況訂出標準單位包裝數量。

⑺對此 10 項材料,其採購地區、體積大小、過去交貨品質等狀況,逐項訂出其標準存貨水準。

⑻經由 MRP 之計算,重新安排未交訂單到廠之日期與數量,使其在短期內達到標準存貨水準。

⑼編繪此 10 項材料之存貨趨勢圖明訂每星期之目標存貨水準,責由材料管理部門每星期具報實際存貨狀況。

⑽高階管理人員每星期審核績效,若有異常,責由材料經理及採購經理解釋原因,並立即採取改正措施。

⑾第 1～10 項「A」類材料管理納入正軌後,再逐次推展至其他 A 類及 B 類材料,一般而言,只要控制 20%之材料項目即可,因為 20%之項目就可達到 80%以上之材料投資價值。

2.在製品存貨之降低法

⑴標準存貨水準之設定。

⑵作業標準之設定與改善。

⑶材料投入與產品產出之控制。

⑷動態制程管理技術之開發。

⑸管理報表之運用與線效之審核。

3.半成品庫存之降低方法

⑴經由 MRP 計算，算出每種半成品每星期之實際需要量。

⑵根據儘量降低批生產量之原則，訂出標準最佳批量。

⑶對每類半成品訂出其標準存貨水準。

⑷編訂制程，並算出每種/每類半成品每星期之預期存貨水準。

⑸比較預期存貨水準與標準存貨水準，若前者合理的接近後者，則接受此一制程。

⑹根據每星期預期存貨水準及標準存貨水準，編制半成品存貨趨勢圖，並責由材料管理部門，每星期具報實際存貨狀況與預期存貨水準比較，一有顯著差異，立即找出原因解釋，並採取改正措施。

4.成品存貨之降低方法

⑴責由銷售部門依據銷售預測表提出成品運交計劃表，詳列三個月內之每星期產品運交類別及數量。

⑵清點成品倉庫，編訂正確之成品存貨狀況。

⑶根據成品清點資料及成品運交計劃表，找出存貨過高項目，責由銷售部門與生產管理部門經理解釋其原因，並提出立即降低成品存貨之具體建議，諸如與財務長協商，提早運交產品但給予客戶合理之折扣，以期迅速降低成品存貨。

⑷依據修正之成品運交計劃表與年度銷售預測表，責由生產管理部門重新擬定生產計劃表。

⑸依據清點成品之資料修正之成品運交計劃表及產出計劃表算出每星期每項產品之存貨狀況。

⑹由高階主管財務長、銷售經理與生產管理部經理共同審核成品存貨預期水準，經由各部門及高階主管認可後，責由生產管理部門編繪成品存貨趨勢圖。

⑺每星期責由生產管理部門具報實際產出、運交及存貨狀況，並與預期數字比較，一有顯著差異，立即找出原因責由有關部門解釋，並立即採取改正措施。

 案例 紙品工廠的 ABC 分類管理實例

啟立紙品工廠於××年度之物料項數有 2360 項，全年之耗用金額 1600 多萬元。依 ABC 分析法的原則分析其耗用價值，將該廠物料年耗用價值在 10000 元（含 10000 元）以上的物料分為 A 類，年耗用價值在 1000 元（含 1000 元）～10000 元之間的物料分為 B 類，年耗用價值 1000 元以下的物料分為 C 類，其結果如表 7-7-1 及圖 7-7-1 所示。

表 7-7-1　物料耗用價值分析表

類別	項數	項數比率	耗用金額	耗用金額比率
A 類	220	9.3%	13666548	84.0%
B 類	541	22.9%	1809005	11.1%
C 類	1599	67.8%	799500	4.9%
總計	2360	100%	16275053	100%

由表中可看出 A 類物料耗用金額最多，佔全部耗用金額之 84.0%，但項數僅佔 9.3%，此為最重要之物料必須施以嚴密之控制，

以降低庫存量減少庫存投資。而 C 類物料佔總項數之 67.8%，但其耗用金額只佔 4.9%，對於這些物料只須略予控制即可，B 類物料則介於兩者之間。

圖 7-7-1 物料耗用價值分析圖

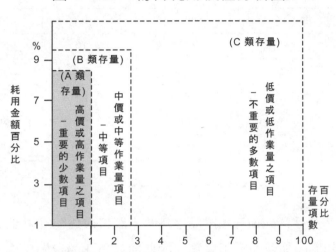

由以上物料耗用價值分析之結果，再考慮物料特性，將物料劃分為主要項目（A 類），次要項目（B 類），低值項目（C 類）等三大類。

啟立紙品公司成品按各產品種類之年銷額依序排列，其情形如下表：

表 7-7-2　年度成品種類銷售統計表

項次	成品名稱	銷售金額	百分比%	累計百分比%
1	A 級瓦楞蕊紙	88551889	40.20	40.20
2	B 二號牛皮紙板	69016912	31.33	71.53
3	三號牛皮紙板	44297326	20.11	91.64
4	B 三號牛皮紙板	11878869	5.39	97.03
5	一號牛皮紙板	5994435	2.72	99.75
6	防水瓦楞蕊紙	265104	0.12	99.87
7	特號牛皮紙板	189605	0.08	99.95
8	二號牛皮紙板	102095	0.05	100.00
合計		220296235	100.00	

　　由表 7-7-2 觀知前三項成品之銷售累計值即佔總值的 91.64%，由此可得知成品種類的需求重點，因此前三項產品採用存貨生產，其餘產品採用訂貨生產。

步 驟 八

進入倉庫要管制

1 倉庫目視化管理

倉庫目視化管理的目標，在於做到發現問題、顯現問題，人人皆知、人人都會用。這樣可以反映企業管理水準，使企業管理達到透明化、視覺化、標準化。

一、目視化管理的類型

目視化管理在倉庫有三種類型：

1. 看板管理

看板考慮的是生產拉動管理，使物料合理、快速地流動。流動可以降低庫存、提高品質、縮短週期、變庫存為生產。在倉庫管理中，我們較常使用的看板一是移動看板；二是溝通供應商之間的物料看板。

2.顏色管理

運用顏色進行標示，如在不合格存放區域用紅色表示，在通道區域用黃色表示。

3.標牌管理

標牌管理主要通過標牌的形式給倉管人員指明工作目標。

二、實施目視化管理

1.倉點陣圖的實施

稍有規模的企業倉庫所存放的物料，大都有上千種之多。而要在這上千種物料當中去找一樣東西，除非對各種物料的儲放位置瞭若指掌，否則會非常的困難。但若事事依賴熟手，肯定會有不少麻煩。因為，這些人難免會生病、調動，到時接替或代理的人，自然工作效率跟不上。所以宜採用讓每一個人都能很快地進入狀態的目視管理看板——也就是在倉庫的入口處，設置一面大看板，將全倉庫的位置圖標示在這面看板上。這樣任何人要到倉庫內取放物料，只要在大看板前看一眼，就知道物料的位置。

2.容器外貼標籤的實施

在容器外，貼上一張標籤來說明容器內的物料。這是一種非常好的方法。但是，當時間久了，或是倉庫管理人員辭職、調動而調來新手時，僅憑標籤上的說明文字，並不容易掌握容器內的東西。

若在每一個容器外貼上一個容器內所放置的物料，當作辨識用的樣品，則更容易做好倉庫管理，不易出錯；尤其是管理那些小零件以及呆滯料。

3. 位置代號的實施

運用位置代號也就是在每一個放置物料的位置，編上一個位置代號。有了這個代號後，不但可以便於拿取，同時，要送回倉庫或是要補新貨時，也非常容易找到其位置。位置代號的編排方式並沒有一定的標準，一般多利用阿拉伯數字來組合。例如，某物品是放在第 2 個架子第 5 層的第 6 個位置上，則用 256 來代表。

不管用什麼樣的方式來編排，應遵循簡單、易懂、有順序的原則。

4. 物料卡的實施

物料管制卡是明確標誌在物料所在位置而便於存取的牌卡。

物料管制卡的作用：

①賬目與物料的橋樑作用。

②方便物料信息的回饋。

③料上有賬、賬上有料，非常直觀、一目了然。

④方便物料的收發工作。

⑤方便賬目的查詢工作。

⑥方便平時週、月、季、年度盤點工作。

5. 紅線限制庫存的實施

大多數企業在物料的管理上，都會規定一個最高存量的上限，這絕對是有助於對存量的掌控的。可是，倉管人員如何去掌控存量？如何檢查他們有沒有徹底執行？

許多企業運用畫紅線的方法來掌握，這很有效。許多電影院、游泳池規定小孩身高超過 110cm，就需買門票。所以在入口處的牆柱上，在 110cm 的高度處畫上一道紅線。售票員就是憑這道紅線，以目視的方法來判定這個孩子需不需要買票。

把這樣的「紅線管理」應用在物料最高存量的掌控上——

假設規定「A」這種物料的最高存量不能超過 10 包,則在放置「A」的位置的牆柱或是料架邊,在第 10 包的高度畫上一道紅線。只要「A」這種物料的庫存超過 10 包的話,就會把這條紅線給蓋住了,表示這種物料的存量已超過上限。

6.呆滯料看板的實施

對於呆滯料的控制,應預防在先。而最好的辦法是設置一面呆滯料管理看板。

首先,將這些呆滯料集中管理。若分散管理的話,很多人根本不會去管理;其次,在這些呆滯料前設置一面呆滯料管理看板。在這面看板上,標示該批呆滯料的品名、規格、數量、有效日期,等等,讓有關人員可通過這面看板瞭解呆滯料的狀況,從而給予必要的協助。

7.缺料指示燈與隨貨看板的實施

多數工廠對生產線上物料的供應採取領料或發料的方式。

(1)領料方式就是製造部門現場人員按照生產計劃,在某項產品製造之前填寫「領料單」將所需的物料給領回來;發料方式,就是由倉庫的有關人員,根據生產計劃將各個製造部門所需要的物料直接送到生產線上。

若採用領料方式,則每個製造部門需配置一名領料人員。但這種工作往往是兼任居多,在管理上,要避免該員工因工作繁雜而耽誤領料的進程,造成生產斷線或不便。同時,為了配合作業,各工序或操作人員旁往往也需準備一處較大的待用物料放置區,來存放領回來的備用物料。

若是採用發料方式,則可以比較節省成本。因為各工序或生產

線不需專門配備一名領料人員，而改由倉庫的專人來處理。這樣，克服了領料方式上所可能遇到的等待、走動、空間浪費，等等，只要調度得當，就可以避免。但是，發料方式是以少數人來應付多數需求，所以，一旦聯繫不好、供料數量不夠或不及時則肯定會影響到生產線的工作效率，此時借用缺料指示燈號及隨貨看板方法，就可以避免這方面的問題。

(2)缺料指示燈號可傳遞生產線缺料的信息，倉管人員可立即進行補料。當某一條生產線的物料快要用完時，作業人員只要按一下通知鈕，缺料的信息就會通過缺料指示燈號馬上傳至倉庫。當倉管人員得知某條生產線需要補充物料時，立即以最快的速度把所需的料給送過去。當然，為了爭取時效，倉管人員必須依生產計劃事先把當天各生產線所需的物料備妥，再來等待各生產線的信號。但是，倉庫往往同時要供應廠內所有生產線的各種物料，為避免弄錯，應在備妥的每一批貨上掛上一面隨貨看板，把這批貨的內容及生產線名給標示出來。這樣，倉管人員就很容易通過看板上的標示，準確地進行送貨了。

8.運用顏色管理法，防止出錯

在多品種、小批量生產的情況下，出錯貨的情形常常會發生。而一個有效的辦法就是運用看板和顏色管理。

(1)出貨指示看板。掛上一面出貨指示看板，讓有關人員通過看板上的說明，很容易瞭解到，這一批貨是要送到那裏、那一個客戶。

(2)有顏色的打包帶。有顏色的打包帶除了可以用來幫助掌握倉庫的物料有沒有做到先進先出之外，還可以用在物料的辨識上。針對不同批號或是不同客戶的物料，採用不同顏色的打包帶來打包，這樣一來，通過打包帶的顏色，就能區分客戶了，也就不會發錯貨

了。

　　由於物料計劃與生產實際需求無法做到100%的吻合，因此企業為了確保生產的穩定性，制訂的物料計劃便一直保持在物料最大可能消耗的水準上。後來由於新技術改進，導致一些物料被淘汰。因而如何處理這些淘汰下來的物料，成為合理化倉儲的一個重要內容。

2 物品入庫的準備

　　入庫，是倉儲活動的起點，是指物料進入倉庫儲存時所進行的接收、卸貨、搬運、清點數量、檢查品質和辦理入庫手續等一系列活動的總稱。入庫管理包括入庫前的準備、入庫物料接運與交接、驗收、入庫等過程。其基本要求是：保證入庫物料數量準確，品質符合要求，包裝完整無損，手續完備清楚，入庫迅速。

　　入庫前做好準備，可保證物料準確、迅速、安全入庫；可防止由於突然到貨而造成忙亂，以致拖延入庫時間。其準備工作主要包括兩方面內容：編制入庫計劃；入庫前的具體準備工作。

1.編制倉庫入庫計劃

　　入庫計劃是倉庫業務計劃的重要組成部份。倉庫為了有計劃地安排倉位，籌集各種器材，配備作業的勞動力，使倉庫的存儲業務最大限度地做到有準備、有秩序地進行。

　　入庫計劃是根據企業物料供應業務部門提供的物料採購進貨計劃來編制的。企業物料採購進貨計劃的主要內容包括：各類物料的進庫時間、品種、規格、數量等。這種計劃通常也叫做物料儲存計

劃。

　　倉庫部門根據供應計劃部門提交的採購進度計劃，結合倉庫本身的儲存能力、設備條件、勞動力情況和各種倉庫業務操作過程所需要的時間，確定倉庫的入庫業務計劃。

　　企業物料供應部門的物料儲存計劃、進貨安排經常會發生變化。為適應這種情況，倉庫管理上可以採用長計劃短安排的辦法，按月編制作業計劃。

2.入庫前具體準備工作

　　物料入庫的具體準備工作，是倉庫接收物料入庫的具體實施方案。這種具體方案是根據倉庫業務計劃並通過日常與業務部門、物料運輸部門的聯繫，在掌握入庫物料的品種、數量、到貨地點、到貨日期等具體情況的基礎上來確定的。

　　入庫前的具體準備工作包括：

(1)組織人力

　　按照物料到達的時間、地點、數量等，預先做好到貨接運、裝卸搬運、檢驗、堆碼等人力的組織安排。採用機械操作的要定人、定機，事先安排好作業順序。

(2)準備物力

　　根據入庫物料的種類、包裝、數量、接運方式，確定搬運、檢驗、計量等方法，配備好所用的車輛、檢驗器材、度量衡器和裝卸、搬運、堆碼墊板的工具，以及必要的防護用品用具等。

(3)安排倉位

　　當接到進貨單後，在確認為有效無誤時，應根據庫存物料/物料的性能，數量，類別，結合分區分類保管的要求，核算所需的貨位面積(倉容)大小，確定存放位置以及必要的驗收場地。對於新物料/

物料或不熟悉的物料/物料入庫，要事先向存貨單位詳細瞭解物料/物料的性質，特點，保管方法和有關注意事項，以便物料/物料入庫後做好保管養護工作。

(4)備足墊板用品

根據入庫物料的性能、儲存要求、數量和儲存場所的具體條件，確定入庫物料的堆碼形式和苫蓋、下墊形式，準備好墊板物料，使物料的堆放與墊板工作同時間內一次性完成，以確保物料的安全，並避免日後的重覆勞動。對於底層倉間和露天場地存放的物料，尤其要注意墊板物品的選擇和準備。

3 成品、半成品入庫

各種物品入庫，都必經過公司的管制流程，包括原料、物料，成品，半成品等。

一、成品入庫

1. 成品入庫必備條件

產品經包裝、品質管理部門檢驗符合企業內控標準、品質管理部門批准發放銷售的產品。

2. 成品入庫驗收工作

⑴成品入庫應由工廠填寫「成品入庫單」，交倉管員審核。驗收「成品入庫單」、「檢驗報告單」、「成品審核放行單」，逐項核對「三

單」中的產品名稱、規格、數量、包裝規格和批號是否相符,與入庫產品是否相符,字跡是否清楚無誤,是否簽印齊全。

⑵檢查產品外包裝。

①外包裝上應醒目標明產品名稱、規格、數量、包裝規格、批號、儲藏條件、生產日期、有效期、批准文號、生產企業以及運輸注意事項等,每件外包裝上應貼有「產品合格證」。

②逐件檢查產品包裝箱上及「產品合格證」上的產品名稱、規格、批號、包裝規格、生產日期、有效期是否與入庫單相符無誤,不得有錯寫、漏寫或字跡不清,不得混入其他品種、其他規格或其他批號的產品。

③逐件檢查外包裝是否清潔、封紮嚴實、完好和無破損。

④合格產品需檢查是否分別貼有兩個批號的「產品合格證」,其內容是否符合要求。

⑶清點數量,是否與「成品入庫單」相符。

3.成品入庫後的擺放及入賬

成品入庫後應放置於倉庫合格區內。產品入庫後,倉管員應及時審核,在成品賬上記錄產品的名稱、型號、規格、批號、生產日期、數量、保質期和入庫日期以及注意事項。並按規定做出標示。

要記住,未經核對總和試驗或經核對總和試驗認為不合格的產品不得入庫。

二、半成品入庫

有的工廠設有半成品庫,用來存放半成品;有的則不會設立專門的半成品庫,但也會劃定一塊地方來存放半成品,但會產生許多

問題，生產部的人可以直接取貨和自己生產的半成品直接放到倉庫裏。這樣嚴重影響了管理。要加強對半成品倉的管理必須建立基本的庫管制度，例如物品出、入庫流程，庫房管理制度，庫存物品盤點制度等。重點在流程上。圍繞流程設計相關的表單，如出庫單、入庫單、領料單、盤點表等，這些表單要和財務統計結合起來，財務才可能做好賬。

1.半成品入庫的檢驗

⑴半成品倉管員應著手安排貨倉庫人員按 2%～5%抽點單位包裝數量，並在抽查箱面上註明抽查標記。

⑵數量無誤後，倉管員在「半成品入庫單」上簽名，各取回相應聯單，將貨收入指定倉位，掛上「物料卡」。

2.賬目記錄

倉管員及時做好半成品的入賬手續。

3.表單的保存與分發

倉管員將當天的單據分類歸檔或集中分送到相關部門。

4 物料入庫接收的三個關鍵點

訂購物料，最重要的還是驗收工作，而驗收依照業務的內容不同分為兩種，一種是檢驗所送貨物與運送單上的內容是否相符合，或是檢查數量是否無誤，以及確認外形包裝上是否有問題的「檢查驗收」工作；另一種就是將買方的訂購單與賣方繳貨單及送貨單等一一核對檢查的「檢驗」工作。

通常檢驗的工作比較受到重視，這個工作有以下三個基本要點：

1. 數量檢驗

數量檢驗通常與檢查接收工作一起進行。一般的做法是直接檢驗，但是當現貨和送貨單沒有同時到達時，就會實行大略式的檢驗。另外，在檢驗時要將數量做兩次確認，以確保數量無誤。數量檢驗應注意以下問題：

(1)件數不符

在大數點收中，如發生件數與收貨通知單（採購汀單）所列不符，數量短少，經複點確認後，應立即在送貨單各聯上批註清楚，應按實數簽收，同時，由倉管員與送貨人共同簽章。

經驗收核對確實，由倉管員將查明短少物品的品名、規格、數量通知承運單位和供應商。並開出短料報告，要求供應商補料。

(2)包裝異狀

在大數點收的同時，對每件物品的包裝和標誌要進行認真的查看。檢查包裝是否完整、牢固，有無破損、受潮、水漬、玷污等異狀。物品包裝的異狀，往往是物品受到損害的一種外在現象。

①如果發現異狀包裝，必須單獨存放，並打開包裝詳細檢查內部物品有無短缺、破損和變質。逐一查看包裝標誌，目的在於防止不同物品混入，避免差錯，並根據標誌指示操作確保入庫儲存安全。

②如發現包裝有異狀，倉管員應會同送貨人員開箱、拆包檢查，查明確有殘損或細數短少情況，由送貨人員出具物品異狀記錄，或在送貨單上註明。同時，應另外安排一個地點堆放，不要與以前接收的同種物品混堆在一起，以待處理。

③如果物品包裝損壞十分嚴重，倉庫不能修復。加上因為包裝損壞的原因而沒有辦法保證儲存安全時，應聯繫供應商派人員協助

整理，然後再接收。沒有正式辦理入庫手續的物品，倉庫要另行堆存。

(3)物品串庫

在點收本地入庫物品時，如發現貨與單不符，有部份物品錯送來庫的情況（俗稱串庫），倉管員應將這部份與單不符的物品另行堆放，待應收的物品點收完畢後，交由送貨人員帶回，並在簽收時如數減除。

如在驗收、堆碼時才發現串庫物品，倉管員應及時通知送貨員辦理退貨更正手續，不符的物品交送貨或運輸人員提走。

(4)物品異狀損失

這是指接貨時發現物品異狀和損失的問題。

①設有鐵路專用線的倉庫，在接收物品時如發現短少、水漬、玷污、損壞等情況時，由倉管員直接向交通運輸部門交涉。

②如遇車皮或船艙鉛封損壞，經雙方會同清查點驗，確有異狀、損失情況，應向交通運輸部門按章索賠。

③如該批物品在托運之時，供應商另有附言，損失責任不屬交通運輸部門者，也應請其做普通記錄，以明責任，並作為必要時向供應商要求賠償損失的憑證。

2.品質檢驗

品質檢驗是確認接收的貨物與訂購的貨物是否一致。對於物品的檢驗，還可以用科學的紅外線鑑定法等，或者依照驗收的經驗及產品知識採取各種檢驗方法。

(1)檢驗物品包裝

物品包裝的完整程度及幹濕狀況與內裝物品的品質有著直接的關係。透過對包裝的檢驗，能夠發現在儲存、運輸物品過程中可能

發生的意外，並據此推斷出物品的受損情況。因此，在驗收物品時，倉管員需要首先對包裝進行嚴格的驗收。

圖 8-4-1　包裝可能出現的情況及處理方式

包裝上有人為挖洞、開縫的現象	—— 說明物品在運輸的過程中有被盜竊的可能，此時要對物品的數量進行仔細核對
包裝上有水漬、潮濕	—— 表明物品在運輸的過程中有被雨淋、水浸或物品本身出現潮濕、滲漏的現象，此時要對物品進行開箱檢驗
包裝有被污染的痕跡	—— 說明可能由於配裝不當，引起了物品的洩漏，並導致物品之間相互玷污，此時要將物品送交品質檢驗部門檢驗，以確定物品的品質是否產生了變化
包裝破損時	—— 說明包裝結構不良、材質不當或裝卸過程中有亂摔、亂扔、碰撞等情況，此時包裝內的物品可能會出現磕碰、擠壓等情況，影響物品的品質

　　對物品包裝的檢驗是對物品品質進行檢驗的一個重要環節。透過觀察物品包裝的好壞可以有效地判斷出物品在運送過程中可能出現的損傷，並據此制訂對物品的進一步檢驗措施。

　　(2)檢驗外觀品質

　　物品外觀品質檢驗的內容包括外觀品質缺陷，外觀品質受損情況及受潮、黴變和銹蝕情況等。

　　對物品外觀品質的檢驗主要採用感觀驗收法，這是用感覺器官，如視覺、聽覺、觸覺、嗅覺來檢查物品品質的一種方法。它簡便易行，不需要專門設備，但是卻有一定的主觀性，容易受檢驗人員的經驗、操作方法和環境等因素的影響。

　　對於不需要進行進一步品質檢驗的物品，倉管員在完成上述檢

驗並判斷物品合格後，就可以為物品辦理入庫手續了。而對於那些需要進一步進行內在品質檢驗的物品，倉管員應該通知品質檢驗部門，對產品進行品質檢驗。待檢驗合格後才能夠辦理物品的入庫手續。

對物料的檢查方式有全檢和抽檢兩種，一般而言，對於高級品或是品牌物品都應做全面性檢查，而對購入數量大，或是單價低的物品，則宜採取抽樣性檢查。

3.契約(採購)條件檢查

檢驗關於採購的契約條件，例如商品品質、數量、交貨、價格、貨款結算等條件是否相符等。

5 接運物料方式

並不是所有的供應商都會送貨上門，因此倉管員有時需要自行安排物料的接運工作。只有做好物料接運管理，才能防止把在運輸過程中或運輸之前已經發生的物料損害和各種差錯帶入倉庫，減少或避免經濟損失，為驗收和保管保養創造良好的條件。

接運方式大致上有四種。倉管員應該熟悉交通運輸部門及有關供貨單位的制度和要求，根據不同的接運方式，處理接運過程中的各種問題。現將各種接運方式的注意事項分別敍述如下：

1.車站、碼頭接貨

到車站提貨，應該首先向車站出示「領貨憑證」。如果「領貨憑證」發貨人未予寄到，也可憑企業證明或者加蓋企業提貨專用章的

貨票存查聯，將物料提回。

到碼頭提貨的手續略有不同。提貨人要事先在提貨單上簽名並加蓋公章或附企業提貨證明，到港口貨運處取回物料運單，然後就可以到指定的庫房提取物料。

提貨時，應根據運單以及有關資料詳細核對品名、規格、數量、收貨單位等，並要注意檢查物料外觀，查看包裝、封印是否完好，有無水漬、油漬、玷污、受潮、銹蝕、短件、破損等異狀。若有疑點，或者與運單記載不相符合，應當場會同承運部門共同檢查。對短缺損壞情況，凡屬鐵路方面責任的，應作出商務記錄；屬於其他方面責任需要鐵路部門證明的，應作出普通記錄，由鐵路運輸員簽字。注意記錄內容與實際情況要相符合。

在短途運輸中，要做到不混不亂，避免碰壞損失。危險品應按照危險品搬運規定辦理。

2.專用線接車

專用線接運是鐵路部門將轉運的物料直接運送到倉庫內部專用線的一種接運方式。倉管員接到車站到貨通知後，應立即確定卸貨貨位，力求縮短場內搬運距離，組織好卸車所需要的機械、人員以及有關資料，做好卸車準備。

(1)卸車前的檢查

貨車到達後，引導對位，進行卸車前的檢查。卸車前的檢查工作是十分重要的，通過檢查可以防止誤卸和劃清物料運輸事故的責任。在檢查中發現異常情況，應請鐵路部門派員覆查，做普通或商務記錄，記錄內容應與實際情況相符，以便交涉。

卸車前檢查的主要內容包括：

①核對車號。

②看貨車封閉情況是否良好：檢查車門、車窗有無異狀，貨封是否脫落、破損或印紋不清、不符等。

③根據運單和有關數據檢驗到貨品名、規格、標誌，並清點件數。

④檢查包裝是否有損壞或有無散包。

⑤對蓋有篷布的敞車，應檢查覆蓋狀況是否嚴密完好，尤其應查看有無雨水滲漏的痕跡。

(2)卸車中的注意事項

①卸車時要注意為物料驗收和入庫保管提供便利條件，按照車號、品名、規格、物料的性質分別碼放，做到層次分明，便於清點，並標明車號和卸車日期。

②注意外包裝的指示標誌，要正確勾掛、鏟兜、升起、輕放，防止包裝和物料損壞。

③妥善處理苫蓋，防止受潮和汙損。

④對品名不符、包裝破損、受潮或損壞的物料，應另外堆放，寫明標誌，並會同承運部門進行檢查，編制記錄。

⑤力求與其他相關部門的人員共同監卸，爭取做到卸車和物料件數一次點清。

⑥卸後貨垛之間留有通道，並要與電線杆、消防栓保持一定距離，還要與專用線鐵軌外側距離 1.5m 以上。

⑦正確使用裝卸機具、工具和安全防護用具，確保人身和物料安全。

⑧保證包裝完好，不碰壞，不壓傷，更不得自行打開包裝。

⑨編制卸車記錄，記明卸車貨位規格、數量，連同有關證件和資料，辦好內部交接手續。

(3)卸車後的清理

卸車後，應檢查車內物料是否卸淨，然後關好車門、車窗，通知車站取車。另外，應做好卸車記錄，記錄清楚卸車貨位、物料規格、數量等，連同有關證件和資料儘快向驗收人員交代清楚。

3.倉庫自行接貨

倉庫接受貨主委託直接到供貨單位提貨時，應將接貨與驗收工作結合起來同時進行。

倉庫應根據提貨通知，瞭解所提物料的性能、規格、數量，準備好提貨所需的機械、工具、人員，到供應商處當場檢驗品質、清點數量，並做好驗收記錄。提貨回倉庫之後，叫驗收員複檢。

4.庫內接貨

存貨單位或供貨單位將物料直接運送到倉庫儲存時，倉管員應與送貨人員辦理交接手續，當面驗收並做好記錄。若有差錯，應填寫記錄，由進貨人員簽字證明，據此向有關部門提出索賠或其他處理辦法。

6 物料入庫時間要控制

物料的入庫時間，要經過控制，不可過早或過遲。

一、入庫過早的隱患

1.會影響付款週期資金流轉

企業如果跟供應商確定的付款期為交貨後的下月 25 日付款。則當 9 月 29 日交貨時，付款日期為 10 月 25 日；9 月 30 日交貨時，付款日期也為 10 月 25 日；但是，當 10 月 1 日交貨時，付款日期為 11 月 25 日。若我們規定供應商交貨日期為 10 月 3 日，則預計付款日期為 11 月 25 日；但是，供應商為了能儘早拿到貨款，趕在 9 月 30 日送貨到企業，則根據協定，企業要在 10 月 25 日付款。付款週期整整提早了一個月。若該筆貨款金額比較小，對企業影響還不是很大；若金額大的話，影響會很大。

2.成本轉移的問題

供應商將物料送到該企業倉庫，便增加了企業的儲存量。同時也增加了企業的管理成本。

例如原本該企業需要 2 人管理，由於原來的物料按計劃沒有流出倉庫，而供貨卻沒有按計劃提前入倉。從而疊加起來需要至少 4 人管理，這樣不但增加了人員成本，也增加了地方成本。

3.風險的轉移問題

如據氣象部門預報，颱風可能於 18 日後半夜到 19 日白天在沿海登陸。受其影響，海面風力增強到 8～10 級。企業本來要求供應商的供貨應交日期為 22 日，但是，供應商擔心颱風可能會對貨物有損壞，就在 17 日把貨送到了公司。只要公司收貨，則風險就轉嫁給了公司。

隨著貨物的交付，企業會產生很多義務、承擔很多風險，並不是貨物越早交付越好。

二、如何確定物料入庫時間

物料入庫時間在企業均先由生產需求來確定，後由採購部調整。我們看看確定物料採購需求的步驟：

1.第一步：確定物料需求

某企業 2 月份出貨安排，如表 8-6-1：

時間：1 月 1 日

表 8-6-1　2 月份出貨安排表

訂單號	訂單名稱	需求物料	出貨時間	數量(件)
01	波斯蘭	A 物料	2 月 1 日	100
02	波斯蘭	B 物料	2 月 5 日	100
03	波斯蘭	A 物料	2 月 10 日	150
04	皮斯亞	B 物料	5 月 3 日	200

2.第二步：確定物料生產時間

假設 A、B 物料均為外購原件而後回廠裝配的的物料。如表

8-6-2：

　　時間：1月1日

表 8-6-2　生產安排表

訂單名稱	需求物料	裝配時間	出貨時間	數量(件)
波蘭 1 單	A 物料	1 月 29 日	2 月 1 日	100
波斯蘭	B 物料	2 月 1 日	2 月 5 日	100
波斯蘭	A 物料	2 月 8 日	2 月 10 日	150
皮斯亞	B 物料	5 月 1 日	5 月 3 日	200

3.第三步：確定採購需求

從以上表可以知道：

採購需求物料共需要 A 物料 250 件，需要 B 物料 300 件。但是如何採購安排時間呢？

我們從原始計劃的排序看何時需要物料。根據倉庫提前備貨的原則，看看物料到庫的最佳時間。如表 8-6-3：

表 8-6-3　物料到庫的最佳時間

訂單名稱	需求物料	最佳到庫時間	裝配時間	數量(件)
波斯蘭	A 物料	1 月 27 日	1 月 29 日	100
波斯蘭	B 物料	1 月 50 日	2 月 1 日	100
波斯蘭	A 物料	2 月 6 日	2 月 8 日	150
皮斯亞	B 物料	4 月 29 日	5 月 1 日	200

最佳到庫時間也就是供應商送貨的時間嗎？顯然不大可能，如果按照供應商的立場，供應商為從成本角度出發，顯然最佳方法是在 1 月 27 日將所有的物料合計 550 件一起送來。但是倉庫接納 550

件的物料將嚴重超越倉庫庫存量，如果要求供應商按最佳到庫時間送貨，供應商會在送貨的成本上與價格上調整，從而將成本從價格上轉移到本企業。如何尋求最佳方案呢？

表 8-6-4　採購安排表

訂單名稱	需求物料	採購到庫時間	裝配時間	數量（件）
波蘭 1 單	A 物料	1 月 27 日	1 月 29 日	100
波斯蘭	B 物料	1 月 27 日	2 月 1 日	100
波斯蘭	A 物料	1 月 27 日	2 月 8 日	150
皮斯亞	B 物料	4 月 29 日	5 月 1 日	200

　　從而要求供應商將臨近一個星期的物料在 1 月 27 日全部送到，而超越一個星期的物料按規定時間送到。

　　對於如何控制入庫時間，企業在要求供應商物料入庫的時候，不是越早越好，而是根據生產的計劃來確定。

　　如果不同物料由同一家供應商供應，從成本角度出發，根據一般企業的角度，可以將一週內的物料合併送到入庫。但送貨時間不能耽誤交期。

　　對於供應商送貨過遲，企業可以從自身角度出發，將供應商送貨期限提前。

　　如何管理好新物料進倉與原倉庫庫存物料的混合？這是離不開物控管理技術的。但通常情況下物控人員採取的做法是：新舊物料搬在一起，然後將物料卡數據加在一起。其實新舊物料搬在一起，這裏面藏有尾數管理的藝術。

7 物料入庫數量要控制

　　倉庫存量管理一般是當庫存量下降到預定的最低庫存數量時，便按規定數量進行訂貨補充，以防止生產急需而出現的物料短缺；而當某種物料上升到最高存量的時候，便拒絕物料入庫。這種限制物料的存量超過最高存量的做法被稱之為物料入庫定量控制。

一、定量入庫的注意點

1.定量的標準絕非固定不變

　　如果企業生產擴大，倉庫面積增加，可以根據需要提高物料的定量標準。

2.定量是一個時期內的標準

　　在生產的旺季，入庫定量的標準應適度提高，而在生產的淡季，入庫定量的標準應適度降低。

3.定量指的是常規物料

　　而對於非常規的物料，不應該有定量入庫的說法，而應該根據銷售合同來實施一對一的採購。

4.供應商的配合是定量入庫的前提

　　要想實現定量入庫，前提是供應商在規定的時間內按時送貨。如果供應商不按照合同交貨，一旦供應商的鏈條斷了，生產也就無法延續了，定量入庫也就沒有意義了。

供應商的交貨日期(簡稱交期)歷來是一個非常讓人頭痛的問題。沒在倉庫工作過的人會認為,如果比應交貨的時間早那不是更好,有必要對其進行控制嗎?其實不然,過早交貨的壞處更大。因此對供貨入庫不但要實施跟催,還有必須實施時間控制。

二、適度存量的計算

1. 物料最高存量的計算

每日最高存量是指某固定時期內,某項物料允許庫存的最高數量。其公式為:

每日最高存量＝一個生產週期的天數×每天使用量+安全存量

2. 物料安全庫存量

安全庫存量也叫做緩衝存量,這個存量一般不為平時所用,安全庫存量只用於緊急備用的用途。其計算公式為:

每日安全存量＝緊急訂購所需天數×每天使用量

三、入庫定量的實施

1. 首先確定常規物料

常規物料是指企業最常用的物料。儘管企業的產品設計呈現出多樣化,但大部份產品還是屬於一個類型。這些產品在外觀與功能上有所存在不同,但是大多數配件是可以通用的,這些通用的配件即企業的常規物料。由於配件在技術含量與知識產權的重要性方面遠低於成品或者產品主體,因此多數企業都是通過採購來獲得的。

2.其次確定每日物料適度存量

物料的每日適度存量可以通過以上計算來實施。

3.確定安全天數

倉庫每日安全存量應每天維持在這個水準上，同時可以根據供應商穩定的情況而確定。如果穩定，倉庫為了防止突發事件可以多備 3 天的的物料，也就是在今天就需要將以後 3 天的料全部備齊，倉庫進倉的數量只能是日消耗量的 3 倍；如果不穩定，可以備 1 月的料，但這料的前提是價值高，而供應商難找。對於常規物料來說，物料幾乎是穩定的。因為現代工業實踐證明，緊跟一個行業興起的便是這個行業供應鏈在附近的興起。

常規物料安全儲備天數一般為(1～3)天，可能有些行業有所不同，但據目前以主動尋找市場為主體的現代製造業，安全天數一般不會超過 3 天。在制定安全天數的時候，各企業需要根據自身行業特點與供應商供貨情況來決定。

4.實施訂購

按照安全存量的資料實施訂購，訂購程序如圖 8-7-1 所示。

圖 8-7-1　訂購程序

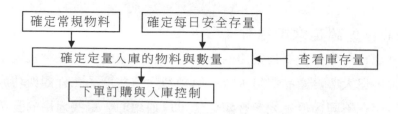

5.定量入庫監控

對物料實施定量入庫監控是為了防止供應商多送物料。如果企業給供應商的訂貨批量太少，供應商未必會按照訂貨合同的數量來

送貨。因為供應商明白該物料是常規物料，於是供應商們會認為，即使多運也不會導致退貨。定量入庫監控，即要打破供應商的這種僥倖心理，收貨時要按照合同所要求的數量收貨，絕對不能提前收貨或者多收貨。

8 物料驗收的流程說明

1.驗收流程

××紙廠物料驗收之流程說明：

⑴供應商將訂購通知單、發票及物料送交物料庫。

⑵物料庫依據原訂購通知單存根與供應商之訂購通知單核對無誤後，開始驗收工作。

⑶需要重檢時予以重檢，否則點收數量，開列物料驗收單送交檢驗部門。

⑷檢驗部門依據合約書或材料檢驗規範或樣本，作品質驗收。

⑸物料經驗收合格後，物料入庫，登記於材料到庫月報表，檢驗部門簽章於驗收單，分交有關部門。

⑹物料庫根據驗收單，登入於物料請購登記簿內，採購部門登記於購料登記簿內。

⑺物料經驗收不合格後，決定檢修或退回，檢驗部門簽章於驗收單，填註理由，並於驗收單內加蓋應予扣款或退料章，分交有關部門。

⑻物料庫根據驗收單登入於物料請購登記簿內，採購部門登記

於購料登記簿內(驗收不合格)。

⑼採購部門向供應商交涉或索賠或另行採購。

2.驗收不合格之處理

驗收不合格之處理,依各種情況分別處理如下所述:

⑴驗收的數量與合約不符

收到物料時若實數量不足,且缺料量不多時,可同意扣款結案,否則應令其補充並賠償缺料時所導致之損失,若數量超過合約所記載之數量,如數量不多,則可同意照多交數量收貨,並補充購款,否則可將過多之物料退回。

⑵運輸損耗之處理

運輸損耗如規定由買方負責,則須在合約中規定損耗率之極限,若損耗超過此限度,則由承運經辦者或賣方負責。若由賣方負責,則無甚大問題,因驗收時,好的物料才收貨,而運輸損耗者一律退回賣方。

⑶拒收物料之退回

物料經品質檢驗不合格後,需立即通知承購廠商自行運回,解除合約,責令其賠償。如賣方不運回,則可以依據合約之規定收取保管費或通知其若逾期不運回,將逕予拋棄。若不合格之物料仍可修補或掉換,則可責令賣方修補或掉換,不必解除合約,以免雙方遭受重大損失。

⑷違約罰款之催收

賣方未能依約履行應盡之規定,依規定可令其繳出罰款,若賣方故意延遲不繳,則可依民事訴訟解決。

9 掌握接貨驗收的要點

　　商品、原材料的接貨是與企業的外部進行交易，首先提高與企業外部的交易精確度，然後提高企業內部的交易精確度，切記要依從這樣的順序。在這裏，匯總了在商品、原材料等的入庫階段，物料管理負責人必須知道的要點和為提高庫存的準確性應做的要點。

　　要點一：不接收非訂貨的物料和交貨期前的物料

　　不接收非訂貨的物料是理所當然的。絕對不承認訂貨數量以外的交貨。但是，無償供給的材料，並從這個材料製作的訂貨以外的物料的情況例外。

　　交貨方中有在交貨日之前急急忙忙交貨的，但是訂貨時決定了交貨期，當然要遵守交貨期來交貨。即使比交貨期早就拿來的貨也絕對不要接。不接收的物料堅決放在交貨者的地方，這一點也很重要。

　　要點二：明確卸下物料的場地

　　交貨業主或者搬運業主運來物料。首先，必須明確物料的臨時放置場地。一定不能與已接貨、已驗收的物料混淆。

　　要點三：確認交貨單(或者送貨單)和實物

　　交貨單(或者是出庫票據)一定要與物料同時送來。在物料中一定要有貨物表和貨物標籤。最好是在入庫時，在現場與交貨單對照物料的入庫內容和數量，在確認無誤後，在接受單上加蓋接受印章。庫存不相符的原因之一就是此交貨單與實際入庫內容、入庫數量有

差錯。

　　交貨數量多時，交貨現場會混亂，有時沒有開箱確認內容和數量的時間，這時，一般只是將附在箱子上的貨物表或貨物標籤與交貨單和送貨單對照，然後蓋上接貨印章。當然，沒有進行這樣的對照就不能蓋接貨印章。

　　在進貨時，即使在不能確認貨物內容的情況下，在當天之內也一定要打開貨櫃或箱子，確認其內容和數量。不允許沒有確認貨物內容和數量放在入庫場地超過一天時間。另外，為了方便作數量核對，可以規定好進貨方物料的裝箱數量。

要點四：迅速放上倉庫的貨架

　　已經核對過入庫內容和數量的物料，必須迅速放入指定的庫存場地。在入庫物料中，也有要馬上在現場出庫，或者必須向顧客發貨的物料。這些都要迅速運到各個指定場地進行整理，這一點很重要。

要點五：迅速在庫存總賬、進貨(賒購)總賬上記賬

　　與實際物料核對過的交貨單要迅速移交給庫存總賬、訂貨總賬的記賬員，一定要在庫存總賬以及訂購總賬中記入入庫數。當然也應更新庫存餘額和訂購剩餘。將單據積壓幾天才記賬是不允許的。當天的變動請在當天就記賬，如果及時記賬，不會是多大的工作量，但是如果積壓下來就會加大工作量，而且會降低速度和準確性。

　　必須進一步將交貨單內容記入進貨(賒購)總賬，要以同樣的交貨單內容更新庫存總賬和進貨總賬。

　　賒購餘數與交貨業主提出的要求相符，進一步與庫存數相符的話，就證明這種進貨交易是正確的。但是，即使要求與賒購數相符，但與庫存數不符時，就要懷疑是否真的是按照交貨單進的交貨量，

交易是否正確。但是在這個階段也不能檢查出有什麼差錯。歸根結底，每天都要認真確認交貨單內容和實際物料，否則日積月累，誤差就會越來越大。

要點六：要核對正式的交貨單和送貨單

原則上應該把實際物料和交貨單組成一套，但是經常出現過後才郵寄正式交貨單的情況，這時就應該用送貨單代替。在沒有送貨單的情況下，接貨方就只有製作臨時的單據（臨時單據）了。

所謂送貨單，一般是沒有單價和金額的，它不能叫做正式單據。雖然只是用這種臨時單據作進貨處理（庫存總賬記賬等），但請接貨負責人絕對不要忘記在正式交貨單到達時一定要與此臨時單據進行核對。如果有誤，一定要進行改正。

要點七：數量有不正確要在現場訂正交貨單和接貨單

接收貨物時如果能發現交貨內容、數量有誤，請就在現場訂正交貨單和接貨單。有時在接收單上蓋了接貨印章後，才在驗收時發現不合格品，或者以後在生產現場發現不合格（驗收後不合格品），這種情況就只有用退貨等的辦法進行處理。應該明確規定這種情況及數量有誤等情況的處理規則，並且確實按照規則製作退貨單，這是很重要的。

10 倉庫的物料驗收步驟

一、物品入倉庫的驗收步驟

1.物料驗收層面

貨物驗收應做到進出驗收，品質第一。貨物的驗收工作，是做好倉庫管理的基礎。一般來說，貨物驗收主要包括四個方面：

(1)品名、規格

出入庫的貨物是否與相關單據的品名、規格一致。

(2)數量

明確出入庫貨物計量單位，貨物進出倉前應嚴格點數或過磅。

(3)品質

進庫貨物，只有接到相關檢驗書面合格報告方可入庫；出庫貨物，也就檢驗其品質，做到不良品不投入使用或不流向市場。

(4)憑據

單據不全不收，手續不齊不辦。入庫要有入庫單據及檢驗合格證明，出庫要有出庫單據。

2.物料驗收的步驟

物料驗收入庫工作，涉及到貨倉、品質、物料控制、財務等諸多部門，其主要步驟如下：

(1)確認供應廠商

物料從何而來，有無錯誤。如果一批物料分別向多家供應商採

購，或同時數種不同的物料進廠時，驗收工作更應注意，驗收完後的標識工作非常重要。

(2)確定交運日期與驗收完工時間

這是交易的重要日期，交運日期可以判定廠商交期是否延誤，有時可作為延期罰款的依據，而驗收完工時間有不少公司作為付款的起始日期。

(3)確定物料名稱與物料品質

收料是否與所訂購的物料相符合，並確定物料的品質。

(4)清點數量

查清實際承交數量與訂購數量或送貨單上記載的數量是否相符。對短交的物料，即刻促請供應商補足；對超交的物料，在不缺料的情況下退回供應商。

(5)通知驗收結果

將允收、拒收或特採的驗收結果填寫於物料驗收單上通知有關單位。物料控制部得以進一步決定物料進倉的數量，採購部得以跟進短交或超交的物料，財務部可據驗收結果決定如何付款。

(6)退回不良物料

供應商送交的物料品質不良時，應立即通知供應商，準備將該批不良物料退回，或促請供應商前來用良品交換，再重新檢驗。

(7)入庫

驗收完畢後的物料，入庫並通知物料控制部門，以備產品製造之用。

(8)記錄

供應商交貨的品質記錄等資料，為供應商開發及輔導的重要資料，應妥善保存。

圖 8-10-1　收料單作業流程圖

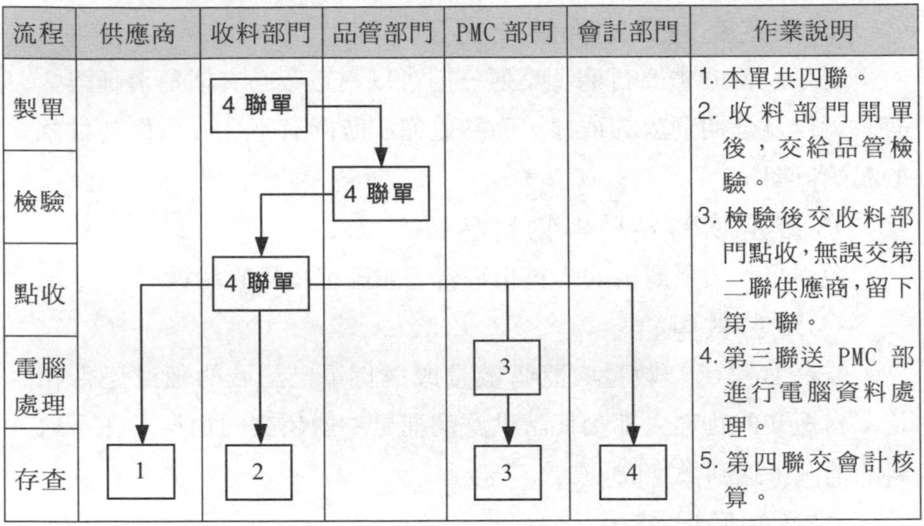

流程	供應商	收料部門	品管部門	PMC 部門	會計部門	作業說明
製單		4 聯單				1. 本單共四聯。 2. 收料部門開單後，交給品管檢驗。
檢驗			4 聯單			3. 檢驗後交收料部門點收，無誤交第二聯供應商，留下第一聯。
點收		4 聯單				4. 第三聯送 PMC 部進行電腦資料處理。
電腦處理				3		5. 第四聯交會計核算。
存查	1	2		3	4	

二、驗收過程中問題的處理技巧

1.證件不齊

凡必要的證件不齊全時，到庫商品、物料應作為待驗商品、物料處理，堆放在待驗區，臨時妥善保管，待證件到齊後進行驗收。

2.證單不符

供貨單位提供的品質證明書與收貨單位的入庫通知單、訂貨合約不符時，應通知採購部，按採購部提出的辦法處理。

3.規格、品質不符或錯發

當規格、品質、包裝不合要求或錯發時，先將合格品驗收，查對不合格品或錯發部份，核實後將不合格情況、殘損情況、錯發程

度做好記錄，由採購部決定是否退貨。

4.數量不符

數量不符時，如果商品、物料損益在規定磅差以內，倉庫可按實際驗收數量驗收入庫，並填寫入庫單（或驗收單）；超過規定磅差時應查對核實，做好驗收記錄，並提出意見，送採購部再行處理，該批商品、物料在未做出處理結果前不得動用。

5.證到貨未到

凡有關證件已到庫，但在規定時間內應入庫商品、物料尚未到庫，應及時向相關單位反映，以便查詢處理。

11 辦理物料入庫手續

物料經過品質和數量驗收後，由物料檢查人員或倉管員在物料入庫憑證上蓋章簽收。倉庫留存物料入庫保管聯，並註明物料存放的庫房、貨位，以便統計、記賬。同時，將物料入庫憑證的有關聯迅速送回存貨單位，作為正式收貨的憑證。

根據物料實物檢驗的結果，建立物料保管賬、在物料倉位上掛上貨卡（料牌）、並按一物一檔的原則建立物料檔案。檔案內容應包括：供貨單位提供全部資料；運輸單位的憑證及記錄、驗收記錄、磅碼單、出庫憑證等。至此，物料驗收入庫工作結束，物料進入保管待發狀態。

物料入庫手續包括：登賬、立卡、建檔。

1.登賬

登賬，即建立物料明細賬單。物料明細賬單，即根據物料入庫驗收單和有關憑證建立的物料保管明細賬，並按照入庫物料的類別、品名、規格、批次等，分別立賬。明細賬還要標明物料存放的具體位置、物料單價和金額。

物料明細賬是物料賬目管理的總賬，是企業對賬的基礎，應當準確無誤。

2.立卡

立卡，即填制物料的保管卡片。該卡由負責該種物料保管的人負責填制，用以直接標明物料的名稱、規格、單價、進出動態和結存數量。物料保管卡片的管理辦法：

(1)由倉管員集中保存管理

這種方法有利於責任制的貫徹，即專人專責管理。缺點是對倉管員的依賴度太大。

(2)將填制的物料卡直接掛在物料倉位上

掛防位置要明顯、牢固。這種方法的優點是便於隨時與實物核對，有利於物料進、出業務的及時進行，可以提高倉管員作業活動的工作效率。

3.建檔

建文件，是將物料入庫業務作業全過程的有關資料證件進行整理、核對，建立數據文件，並輸入電腦，為物料的保管、出庫業務活動創立良好的條件。

在建檔過程中，要注意兩點：

(1)物料應一物一檔

檔案資料包括技術證明、合格證、裝箱單、發貨明細表、運輸

單據、事故記錄、入庫通知單、驗收單、磅碼單、技術檢驗報告、保養、檢查、損益記錄、出庫憑證等。

⑵物料檔案統一編號、妥善保管

除必要的技術資料必須隨貨同行，其餘均應留在檔案內。

表 8-11-1　倉庫物料卡

No.　　　　　　　　　　　　　　　　　　建卡日期：

物料名稱		料　　號		儲放位置	
物料等級	□A　□B	安全存量		訂　購　點	
	□C	最高存量		放置時間	
日期	入庫	出庫	結存	日期	入庫	出庫	結存

說明：1.每一物料投設一卡；2.物料進出當日發賬；3.每月盤點對賬。

案例　塑膠公司的驗收改善工作

1. 現況

⑴驗收工作由採購組主辦，財務課監辦，使用單位會辦。

⑵機器設備零件之品質由各使用單位驗收。

⑶庫房負責數量驗收，品管部門負責原料與副料品質驗收。

2.現況缺點

⑴工廠修護人員無法配合機械規格進行驗收作業,而庫房與品管單位也無此方面的人員。

⑵庫房人手有限,點收作業甚多,且原料堆積地過大。

⑶庫房無劃分出待驗區,且無專業人員負責驗收工作。

⑷經常未驗收先使用。

⑸驗收工作遲緩甚至有延壓一個月以上之驗收事件發生。

⑹財務課之監辦有名無實。

3.改善辦法與規章條文

⑴辦公用品由總務組收料,並主辦驗收業務,外包加工品由工務課收料並主辦驗收業務,生財器具等固定資產由使用單位收料,並由總務組主辦驗收業務。其他項目(原料及一般性之物料),由庫房主辦驗收業務。

⑵驗收根據為採購合約。其主要項目為數量,外形、規格、化學成份或特性。

⑶收料單位負責數量之點收,品管課負責品管之檢驗。

⑷由技術組簽試用工程令所採購的試用料由技術組驗收。

⑸生產器材等固定資產使用性能由使用單位會同技術組驗收。

⑹分批交貨的物料應逐批辦理驗收。

⑺購置物料已到,原始憑證因故延遲者,仍可依據本辦法先行驗收,事後補辦手續。

⑻凡有下列情形之一者,均判為不合格,並簽請總經理指示以作處理。

①未經一定申請、採購流程辦理的物品。

②數量、規格、成分與採購合約書不合者。

⑼凡未驗收的物品，除經由廠長核准外，不准領用。

⑽國外採購的原料除依據上述規定辦理外，尚須依國際貿易慣例辦理。

⑾辦公用品、生財器具與外包加工之驗收作業，除第 1、6 條之特殊規定外，其餘業務需參酌第 12 條規定辦理。

⑿凡由庫房驗收人員主辦的驗收業務，均須依據下列流程圖與流程說明執行。

①流程圖

②流程說明

a. 供應商將單據（發票）、送貨單（物料）送至庫房或指定地。

b. 庫房之驗收人員依送貨單或發票找出請購單之庫房聯，填寫驗收單，並以電話通知採購單位派人來認定此批貨是否確為請購單上所列述之物料，並在驗收單上之簽核處簽核，同時需於請購登記簿登記到貨日期，此工作限於兩小時內完成。

c. 庫房之驗收人員點收數量（依據包裝之單位如箱、包、盒等），查明無誤後，在送貨單上簽收。此工作限於半天內完成。

d. 上述工作完後，庫房之驗收人員再以電話通知品管課，派人檢驗品質。

e. 品管課依據品管制度，抽樣並化驗物料，除在驗收單簽核外，並需同時附上檢驗單，此工作需在接獲電話後三天內完成。

f. 庫房驗收人員打開包裝清點數量，需於貨到後三天完成。

g. 一切都合格後，將所有單據（驗收單，檢驗單與發票）送至副總經理處批示。

h. 核准後，供應組之驗收人員，速將驗收單各聯，分送財務課、採購組、存管組，並自存一聯。

i.財務課依此單據入賬並付款。

j.存管組依此單據入物料賬。

k.採購組將驗收結果告知供應商。

⒀凡驗收作業均須填制驗收單(由主辦此業務單位填制),其格式與填寫辦法如下:

表 8-11-2　驗收單

料號	品名及規核	單	訂購數量	驗收數量	單	總價	判決

請購單編號:	供應商:	備	
契約單編號:	交貨日期:	註	

核示	會計室	品管單位	主辦單位

①主辦單位依據請購單填寫基本資料。

②判決由主辦者填寫。

③各單位簽核時若簽核欄太小,則可附上附件註明。

步驟九

留心物品的放行

1 出庫管理

物料出庫作業管理，是倉庫根據業務部門或存貨單位開出的物料出庫憑證（提貨單、調撥單），按其所列物料名稱、規格、型號、數量等項目，組織物料出庫一系列工作的總稱。物料出庫是物料儲存階段的終止，也是倉庫作業的最後一個環節，它使倉庫工作直接與運輸單位和物料使用單位發生聯繫。因此，做好出庫工作對改善倉庫經營管理，降低作業成本，提高服務品質具有重要作用。物料出庫要求所發放的物料必須準確、及時、保質保量地發給收貨單位，包裝必須完整、牢固、標記正確清楚，符合交通運輸部門及使用單位的要求，防止出現差錯。

1. 物料出庫的依據

物料出庫依據貨主開的「物料調撥通知單」進行。在任何情況下，倉庫都不得擅自動用，變相動用或外借貨主的庫存物料。

　　「物料調撥通知單」的格式不盡相同，不論採用何種形式，都必須是符合財務制度要求的有法律效力的憑證。應避免憑信譽或無正式手續的發貨。

　　2.物料出庫的要求

　　物料出庫要求做到「三不、三核、五檢查」。「三不」，即未接單據不翻賬，未經審核不備貨，未經覆核不出庫；「三核」，即在發貨時，要核實憑證、核對賬卡、核對實物；「五檢查」，即對單據和實物要進行品名檢查、規格檢查、包裝檢查、件數檢查、重量檢查。具體來說，物料出庫有如下一些要求：

　　(1)按程序作業

　　物料發料出庫必須按規定程序進行，領料提貨單據必須符合要求。對於非正式憑證或白條一律不得發料出庫。

　　(2)堅持「先進先出」原則

　　在保證物料使用價值不變的前提下，堅持「先進先出」的原則。同時要做到保管條件差的先出；包裝簡易的先出；容易變質的先出；有保管期限的先出；回收覆用的先出。

　　(3)做好發放準備

　　為使物料得到合理使用，及時投產，必須快速、準確發放。為此，必須做好發放的各項準備工作。如「化整為零」、備好包裝、複印資料、組織搬運人力、準備好設備工具，等等。

　　(4)及時記賬

　　物料發出後，應隨即在物料保管賬上核銷，並保存好發料憑證，同時調整卡吊牌。

　　(5)保證安全

　　物料出庫作業要注意安全操作，防止損壞包裝和震壞、壓壞、摔

壞物品。做到物品包裝完整，捆紮牢固，標誌正確清楚，性能不互相抵觸，避免發生運輸差錯和損壞物品的事故，保障物品運輸及品質安全。倉庫作業人員必須經常注意物品的保管期限等，對已變質、過期失效，失去原使用價值的物品不允許分發出庫。

3.物料出庫形式

(1)送貨

倉庫根據貨主單位的「物料調撥通知單」，把物料交由運輸部門或提供配送服務送達收貨單位。

(2)自提

由收貨人或其代理持「物料調撥通知單」直接到庫提取，倉庫憑單發貨。自提具有「提單到庫，隨到隨發」的特點。

(3)過戶

過戶是一種就地劃撥的形式，物料雖未出庫，但是所有權已從原庫存貨戶轉移到新存貨戶。倉庫必須根據原存貨單位開出的正式過戶憑證，才予辦理過戶手續。

(4)取樣

貨主單位出於對物料品質檢驗、樣品陳列等需要，到倉庫提取貨樣。倉庫根據正式取樣憑證才予發給樣品，並做好賬務記載。

(5)轉倉

貨主單位為了業務方便或改變儲存條件，需要將某批庫存物料自甲庫轉移到乙庫。倉庫也必須根據貨主單位開出的正式轉倉單，才予辦理轉倉手續。

4.「先進先出」的管理原則

倉庫內的物料，不停的進貨、出貨，必須有效管理，採取「先進先出」的管理方式，先進倉的物品，先予以發放出去。

(一)什麼是先進先出法

⑴先進先出(FIFO：First In First Out)：就是發出物料時要按物料入庫的順序把先入庫的物料先發出去，後入庫的物料後發出去，以防產生不適當的積壓。

⑵先進先出是發出物料的根本原則，適合於物管部管理的所有物料。

⑶先進先出的實施依據是物料的入庫日期，但最根本的依據還是物料的生產日期。也就是說當物料的入庫日期與生產日期發生矛盾時，要以生產日期為準進行。

(二)色標管理法

色標管理法是實施先進先出的基本工具，它的內容是：

⑴制定不同顏色的貼紙(即色標)，其顏色的種類數要以物料的轉運週期為基準予以確定。一般有按年度制定的，需要 12 種；按半年度制定的，需要 6 種；按季制定的，則需要 4 種。

⑵制定色標的使用規定，即那個月需要使用那種色標。

①接收物料時一律在其外包裝上加貼規定的色標。

②發出物料時便可以按醒目的色標搬運物料。

(三)先進先出的實施方法

先進先出的實施過程要遵循如下的方法進行：

⑴廣泛宣傳、培訓，包括上課、張貼制度、標語等；

⑵形成制度，嚴格落實；

⑶既然是規定的原則，就要按原則辦事；

⑷創造可以實施先進先出的現場，不要讓人想做卻做不到或很難做；

⑸對於規定的需要「後進先出」的情況要能明確區別；

(6)有必要時要建立監督機制。

(四)發料先進先出的方法

發料先進先出的方法很多，現介紹以下四種方法：

(1)聯單制

每一箱設兩聯單，一聯貼在箱上，一聯放在文件夾內依日期先後秩序排列。需用物料時，文件夾內日期排列在最早的聯單對應著箱中的物料最先搬出使用。

(2)雙區制

一物料調配於兩區，進來某物料放在 A 區，發料時從 B 區發料，待 B 區該物料發完時，則改從 A 區發料而該物料入倉改換為 B 區，如此反覆循环。

(3)移區制

移區制較雙區制減少點空間，即物料從驗收入庫的一端慢慢移往發料的另一端，每發一次料，驗收入庫這一端的物料就往發料端移一些，這樣就能做到先進先出，缺點是每次發料都要移動，工作量比較大。

(4)重力供料制

重力供料制適合於一些散裝料，如水泥、米、散裝塑膠原料、石油等，即將物料置於散裝大倉中，從上部進倉，從下部出倉。

圖 9-1-1　領料單作業流程圖

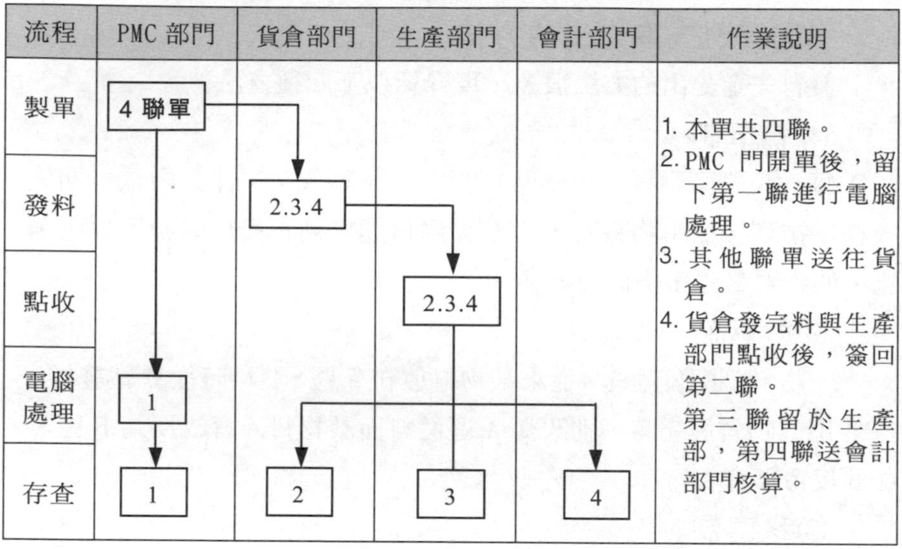

流程	PMC 部門	貨倉部門	生產部門	會計部門	作業說明
製單	4 聯單				1. 本單共四聯。 2. PMC 門開單後，留下第一聯進行電腦處理。 3. 其他聯單送往貨倉。 4. 貨倉發完料與生產部門點收後，簽回第二聯。 第三聯留於生產部，第四聯送會計部門核算。
發料		2.3.4			
點收			2.3.4		
電腦處理	1				
存查	1	2	3	4	

2　產品發貨記錄

　　春電公司是生產電磁爐、電餅爐、電熱水壺、微波爐、電鍋等的小家電生產企業。隨著企業規模逐步擴大，加上產品種類多，每天產品出庫、入庫頻繁，倉庫管理時有問題出現，例如產品入庫時，倉管員忘記登賬，銷售人員開單要求發貨時，倉庫卻找不到入庫記錄，結果倉庫和生產部發生爭吵。產品發貨記錄與庫存貨盤點數不符，甚至出現產品丟失現象；還經常出現發貨錯誤，客戶投訴越來越多……

　　企業生產部完成規定的生產和檢驗流程後，可以送交客戶或等

待銷售的合格產品。產品發貨管理包括產品入庫、產品貯存、產品出庫(發貨)、產品盤點等事務。

做好產品發貨管理具有重要的意義,一方面它是實現銷售合約的保障,另一方面,良好的產成品管理還能提高企業信譽,保證合理的庫存,適應市場需求,從而提高企業效益。

然而,很多企業在產品發貨管理上不夠重視,還缺乏有效的措施,賬物不符,產品存量不清,出現問題難以追溯責任人,為企業生產運營及銷售帶來很大的不便。

案例中,該公司在發貨管理方面存在嚴重弊端,主要體現在出入庫記錄不及時,發貨時缺乏嚴格的審核過程,倉庫管理不規範等。這些問題也是很多企業急需解決的問題。該公司要想解決上述問題,關鍵問題就是要重視做好產品出入庫記錄,認真審核,明確責任人。在具體工作中,可以從以下入手:

1. 產品入庫

產品完工後,必須經過檢驗,技術鑑定合格才能入庫。公司自身生產的產品入庫,須由生產部派人送交倉庫,倉庫員根據入庫情況填制「入庫單」,並按照欄次進行核對,認為合格後,方可入庫。

雙方相互核對無誤後須在「入庫單」上簽名,簽名後的入庫單由倉庫作為登記實物賬的依據。

在產成品根據前述的手續進入成品庫以後,成品庫應根據產成品檢驗入庫單及合適的產品數量、品質情況及時登記產品入庫台賬。產品入庫台賬要同時反映實物量和金額。在成品庫內,還要按產品的品種和規格填寫產品存放地點的貨物登記卡片,以便更清晰地掌握產品保存情況,方便盤點出庫。

另外,產品入庫後,倉管庫相關人員應將當天有關單據分類整

理好存檔或集中分送到相關部門。

2.產品出庫(發貨)

銷售部根據出貨計劃開出《產品發貨通知單》,經相關主管審核後交成品倉管備貨。倉管員在接到發貨指令後,組織相應的產品並打包裝箱,核對清點,通知品管人員進行出貨檢驗。檢驗合格,倉管員對照產品與發貨申請,填寫發貨單,並由負責提貨人進行確認,雙方簽字後產品出庫交運。產品出庫完畢後,倉管員及時登記,建立管制卡,填寫發放數量、去向、結存情況,並填寫成品分類賬,以反映產品的出入庫情況及庫存結果。

3 物料出庫業務流程

根據物料在庫內的流向,或出庫單的流轉而構成各業務環節的銜接,物料出庫業務的流程。

圖 9-3-1 物料出庫業務的流程

核單備貨 → 覆核 → 包裝 → 點交 → 登賬 → 清理

1. 核單備貨

物料發放需有正式的出庫憑證,倉庫保管員須認真核對出庫憑證,包括審核憑證的真實性,物料的品名、型號、規格、單價數量、收貨單位、出庫憑證的有效期等。審核憑證之後,本著「先進先出、易黴易壞接近有效期先出」的原則,按照單證所列項目開始備貨。備貨完畢後及時變動料卡餘額,填寫實發數量和日期。

2.覆核

為防止差錯，備貨後應立即進行覆核。出庫的覆核形式主要有專職覆核、交叉覆核和環環覆核三種，此外，在發貨作業的各個環節上，都貫穿著覆核工作。

3.包裝

出庫的物料如果包裝不能滿足運輸部門或用戶的要求，應進行包裝。

4.點交

物料經覆核後，需要辦理交接手續，當面將物料交接清楚。交清後，提貨人員應在出庫憑證上簽章。

5.登賬

點交後，倉管人員應在出庫單上填寫實發數、發貨日期等內容，並簽章。

6.現場和檔案的清理

現場清理包括清理庫存物料、庫房、場地、設備等。檔案清理是指對收發、保養、盈虧數量等情況進行整理。

4 出庫單證的流轉

出庫單證主要是指提貨單，是向倉庫提取物料的正式憑證。在倉儲企業中，物料出庫的主要有：用戶自提和送貨兩種不同的出庫方式。現將倉儲企業基本的出庫單證流轉情況做一些介紹。

1.提貨方式下的出庫單證流轉

自提是提貨人持提貨單來倉庫提貨的出庫形式。賬務人員在收到提貨單後，經審核無誤，向提貨人開具物料出門證，出門證上列有每張提貨單的編號。出門證的一聯交給提貨人，賬務人員將根據出門證的另一聯和提貨單在物料明細賬出庫記錄欄內登賬，並在提貨單上簽名，批註出倉噸數和結存噸數，將提貨單傳給倉管員發貨。提貨人憑出門證向發貨員領取所提物料，待貨付訖，倉管員應蓋付訖章和簽名，並將提貨單返回賬務人員。提貨人憑出門證提貨出門，並將出門證交給門衛。門衛在每天下班前應將出門證交給賬務人員，賬務人員憑此與已經回籠的提貨單號碼和所編代號逐一核對。如果發現提貨單或出門證短少，應該立即追查，不得拖延。

2.送貨方式下的出庫單證流轉

在送貨方式下，一般是採用先發貨後記賬的形式。提貨單隨同送貨單經內部流轉送達倉庫後，一般是直接送給理貨員，而不先經過賬務人員。理貨員接單後，經過理單、編寫儲區代號，分送倉管員發貨，待貨發訖後再交給賬務人員記賬。

對於其他的幾種出庫方式，其單證的流轉與賬務的處理過程也

基本相同。取樣和移庫對於貨主單位而言並不是物料的銷售和調撥，但對倉庫來說卻是一筆出庫業務。貨主單位簽發的取樣單和移庫單也是倉庫發貨的正式憑證，它們的流轉和賬務處理程序與提貨單基本相同。物料的過戶，對於倉庫來說，物料並不移動，只是所有權在貨主單位之間轉移。所以，過戶單可以代替入庫通知單，開給過入單位儲存憑證，並另建新賬務，既作入庫處理；對過出單位來說，等於所有物料出庫。

3.常見無憑證領料情況

如果按照正規的領料程序，領料是需要憑證的。但是有些特殊情況可能會出現無憑證情況。

領料沒有憑證會導致以下後果：

⑴庫存實際數據與電腦顯示數據會產生差異。倉庫統計員在輸入數據的時候，需要憑證作為輸入依據。如果沒有憑證，電腦數據則無法變更，但是實際庫存數據卻在發生變化，從而導致庫存實際數據與電腦顯示數據產生差異。

⑵沒有物料可追溯性。憑證的另一作用在於保持物料的可追溯性，例如說，該物料數量發生錯誤，可以根據物料憑證找到發料人。如果沒有憑證，物料的追溯性也就喪失了。

如何防止無證發料呢？有下列方法參考。

· 制度把關

需要建立一套行之有效的發料制度，並將發料工作標準化。

· 最高主管的支持

企業要帶頭實施憑證領料，並嚴格要求企業各級負責人按要求實施。

4.物料發放常見問題處理

物品發放完畢後，倉管員要根據領料單調整庫存賬目，使賬、物、卡重新達到平衡的狀態，並編制「物品收發日報表」（如表 9-4-1 所示），以便為日後的統計工作打下基礎。

表 9-4-1　物品收發日報表

倉庫名稱：　　　　　　　　　　　　　　　統計日期：

| 品名 | 前日進貨累計 | 本日進貨 | 進貨累計 | 未進貨量 | 前日出貨累計 | 本日出貨 | 出貨累計 | 庫存 | 退貨 | | 備註 |
									本日	累計	

審核：　　　　　　　　　　　　　　　填表：

常見的物料發放問題，如下：

1.無單領料

無單領料是指沒有正式領料憑證而要求領料，如以「白條」和電話領料，遇到這種情況，倉管員不能發料。

2.憑證問題

發料前驗單時，若發現領料憑證有問題，如抬頭、印鑑不符，有塗改痕跡，超過了領料有效期，應立即與需用部門聯繫，並向上級主管反映。備料後覆核時發現憑證有問題，倉管員應立即停止發料作業。總之，手續不符，倉管員有權拒絕發料。

3.單料不符

發料之前驗單時，若發現提料憑證所列物品與倉庫儲存的物品

不符，一般應將憑證退回開單部門，經更正確認後，再行發料。遇到特殊情況，如某種物品馬上要斷料，需用部門要求先行發貨，然後再更改提料憑證時，經上級主管批准後，可以發料，但應將聯繫情況詳細記錄，並在事後及時補辦更正手續。若備料後覆核時發現所備物品與提單憑證所列不符，應立即調換。

4.包裝損壞

對物品外包裝有破損、脫釘、鬆繩的，應整修加固，以保證搬運途中的安全。發現包裝內的物品有變質等品質問題或數量短缺時，不得以次充好，以盈餘補短缺。

5.料未發完

物品發放，原則上是按提料單當天一次發完，如確有困難，不能當日提取完畢，應辦理分批提取手續。

6.料已錯發

如果發現料已錯發，首先應將情況儘快通知需用部門，同時報告上級主管，然後瞭解物品已發到什麼環節或地方，能及時追回的應及時追回；無法追回的，應在需用部門的幫助下，採取措施，儘量挽回損失，然後查明原因，防止日後再出現類似情況。

5 倉庫發貨要提前備料

備料是由倉庫負責完成的，倉庫按銷售出貨計劃與倉庫實際庫存情況進行生產物料總量的備料；工廠再根據工廠各個小組的生產能力作小組生產計劃安排，並交與倉庫，倉庫然後將生產物料總量備料分解為工廠小組生產物料備料。一旦生成生產需求產生後，小組長去主管處領取生產任務單，倉庫按生產任務單將生產所需要物料交給工廠小組。

一、倉庫要如何確定備料內容

1.備料信息的來源

備料信息來源有三種：

⑴生產出貨排期計劃。如：你所在倉庫對應的工廠是裝配工廠，有一張需要在 25 日這一天出貨的訂單，裝配工廠完成此訂單任務需要一天時間。如果你是倉庫主管，必須在 23 日這一天做好該訂單的生產備料。

⑵生產命令。主要針對一些生產臨時插單或者緊急訂單，由於生產排期沒有這些信息，需要等企業的生產任務命令。

⑶工廠申請。例如：某項產品報廢太多，需要倉庫及時補發物料。此時工廠會向倉庫提出備料申請。

2.備料的內容

備什麼物料，備多少物料？其步驟如圖 9-5-1(以裝配工廠為例)：

圖 9-5-1　備料的內容

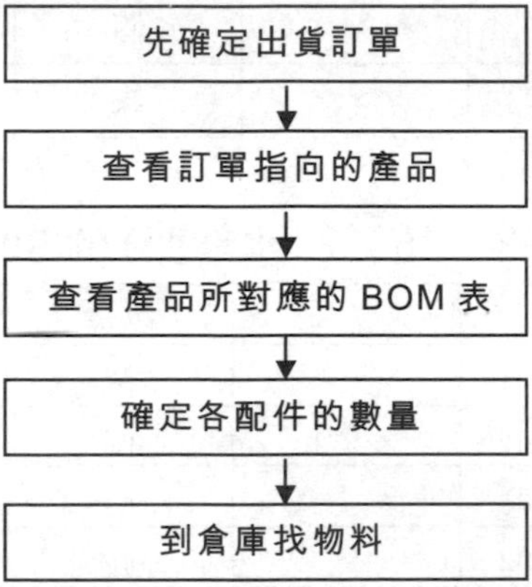

```
先確定出貨訂單
    ↓
查看訂單指向的產品
    ↓
查看產品所對應的 BOM 表
    ↓
確定各配件的數量
    ↓
到倉庫找物料
```

　　某企業由於尚未使用 ERP 系統，倉庫完全依靠人工的計算來確定備料數量的多少。某日，當企業 C 接到一張訂單 Y 單，該企業倉庫人員計算如何備料。

　　(1)先確定訂單，見表 9-5-1：

表 9-5-1　訂單

訂單名	產品名稱	數量	交貨日期	備註
Y單	16321(水龍頭)	100個	3月2日	自製
Y單	16322(水龍頭)	100個	3月2日	自製

　　(2)查看訂單指向的產品。

　　該訂單指向產品為 16321(水龍頭)與 16322(水龍頭)。

　　(3)查看產品所對應的 BOM 表，見表 9-5-2、表 9-5-3。

表 9-5-2   16321(水龍頭)的 BOM 物料清表

品名	料號	規格	單位	數量	型號
16521主體	16321A01	×××	個	1	#33
16321水咀	16321A02	×××	個	1	#35
16521閥芯	16521A05	×××	個	1	#33
16521軟管	16521A04	×××	條	2	#33

表 9-5-3   16322(水龍頭)的 BOM 表

品名	料號	規格	單位	數量	型號
16322主體	16322A01	×××	個	1	#33
16322水咀	16522A02	×××	個	1	#33
16321閥芯	16322A05	×××	個	1	#33
16521軟管	16322A04	×××	條	2	#33

⑷確定產品各配件的數量。

如何確定呢？其實答案很簡單，因為 BOM 表對應是單個產品，意思就是說 BOM 表已經告訴了我們單個產品的配件需求數據。上表顯示：16521 水龍頭所需要的配件是：16521 主體、16321 水咀、16521 閥芯、16321 軟管。1 個 16521 水龍頭需要 1 個 16321 主體、1 個 16321 水咀、1 個 16321 閥芯、兩條 16321 軟管。而訂單需要 100 個 16321 水龍頭，那麼又需要多少配件呢？

⑸確定各配件的數量。

此訂單到底需要多少配件呢？

各個配件的數量＝訂單要求的數量×BOM 表

根據 BOM 表，100 個 16321 水龍頭需要 100 個 16521 主體 100 個、16521 水咀、100 個 16321 閥芯，200 條 16321 軟管。

相應的：

100 個 16322 水龍頭需要 100 個 16322 主體、100 個 16322 水咀、100 個 16521 閥芯，200 條 16321 軟管。

訂單 Y 單需要的配件是：100 個 16321 主體、100 個 16322 主體、100 個 16321 水咀、100 個 16322 水咀、200 個 16521 閥芯，400 條 16521 軟管。

⑹到倉庫尋找物料。

根據算出的數據，接下來到倉庫尋找相對應的物料。

二、倉庫要如何確定備料時間

備料的另一項重要的內容是確定備料時間。如果備料太早了，備料會佔用工廠的現場，導致工廠現場擁擠；如果備料晚了，則會造成流水線缺料，從而會出現生產中斷，導致影響生產效率。

如何確定備料時間呢？除了加強信息溝通外就別無他法。如果按照傳統看生產排期的時間來確定備料時間，在實際操作中則是不可取的。因為生產排期僅可以指向某一天，卻無法確定工廠的生產能力。如日子利於進貨，則所有的客戶要求該廠在這一天出貨。作為倉庫主管的你，不可能把所有的訂單全部安排在出貨的前兩天備料，那麼工廠即使加班也完成不生產任務。到底如何加強信息溝通呢？

1.可以用看板

將生產看板掛在倉庫與工廠的通道旁，工廠安排人員填寫看板。

工廠馬上要完成生產任務了，完成之前的半個小時，小組長趕忙告訴工廠主管快安排下一張訂單生產任務；工廠主管在參考倉庫

庫存數據後立即安排生產任務,並將信息寫在看板上(如圖 9-5-2),
倉庫趕快備料。

圖 9-5-2 倉庫備料預告看板

倉庫備料預告看板				
訂單	物料名	數量	缺料組	備料差錯糾正記錄:
				1. ……
				2. ……
				3. ……

2.可以用警示燈

警示燈的原理與看板原理一樣,但可以節省小組的工作時間。

6 倉庫的發貨作業

　　根據出庫業務流程,審核出庫憑證的工作之後,即開始按照出
庫單證所列項目將所揀取的物料按運輸路線、自提或配送路線進行
分類,再進行嚴格的出貨檢查,裝入合適的容器或進行捆包,做好
相應的標誌,然後按車輛趟次或行車路線將物料運至發貨區,最後
裝車發運,這一過程稱為發貨作業。

圖 9-6-1　發貨作業流程圖

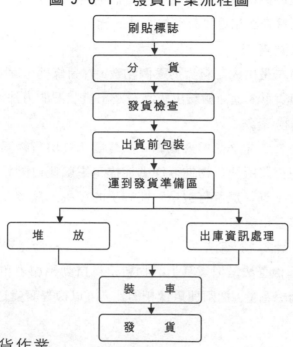

1. 分貨作業

分貨即揀貨作業完成後,將所揀貨物根據不同的貨主或運輸路線進行分類,也有一些需經過流通加工的物料,揀取貨物集中後,先按流通加工方式分類,分別進行加工處理,加工完畢,再按送貨要求分類出貨。

2. 發貨檢查

發貨檢查是根據用戶資訊和車次對揀取物料進行物料號碼的核實,以及根據有關資訊對物料品質和數量進行核對,並對產品狀態及品質進行檢查。

出貨檢查是保證單、貨相符,避免差錯,提高服務品質的關鍵,是進一步確認揀取作業是否有誤的處理工作,因此,必須認真查對,

找出產生錯誤的原因,採取措施防止錯誤的產生。檢查方法有人工檢查法,條碼檢查法和重量計算檢查法三種。

(1)人工檢查法

人工檢查法是由人工將貨物逐個點數,查對條碼、貨號、品名,並逐一核對出貨單。進而檢驗出貨品質及出貨狀況的方法。

(2)條碼檢查法

條碼檢查法首先必需導入條碼,讓條碼始終與貨物同行。在出貨檢查時,只需將所揀貨物進行條碼掃描,電腦便自動將揀貨資料輸出進行對比,查對是否有數量和號碼上的差異,然後在出貨前再由人工進行整理和檢查。

(3)重量計算檢查法

重量計算檢查法是把貨單上的物料重量自動相加求和,之後,稱出發貨品的總重量。把兩種重量相對比,可以檢查發貨是否正確。

7 及時發料

所謂及時發料,就是既不能遲發,也不能早發,而是要準時地發,也就是剛剛要用的時候剛好發到手。

1. 及時發料的依據

配料的時間憑據是週末生產計劃,為確保發料準時,配料需提前 1~2 天進行,以防有意外問題時有足夠的時間處理。

發料時間憑據是日生產計劃,為確保發料準時,發料前配料擔當要詢問生產部的相關主任,看是否有必要發料或有其他改變。

一般情況下，正常物料的發出時間應該不會有什麼問題，出問題的往往是那些不正常的物料，例如：

⑴緊急物料。因物料進庫倉促，一些正常手續得不到履行，故容易出現錯亂、混淆和遺漏等；

⑵返納的差補材料。因為該過程包含的環節多、存在的不確定性因素大，又不容易被確認，所以，容易出現遲遲得不到解決的情況等。

2.發出物料的方式

⑴為保障發料的有效性，物料部應對配發的物料界定範圍，屬於此範圍時執行配發，超出此範圍時由用料單位領取，並把這些規則編入程序、形成制度。

配發材料的範圍主要包括：

①正常生產計劃中包含的 LOT SIZE(批量)份材料；

②IQC 檢驗合格的材料；

③有固定形體的普通零件，如：塑膠件、五金零件等。

⑵領取物料的範圍包括：

①非正常生產計劃中的生產材料，如：臨時生產、試產等；

②因 IQC 檢驗不合格而特採的材料；

③沒有固定形體的普通零件，如：油漆、天那水等；

④貴重的、易損壞的材料，如：IC、金、銀等。

8 掌握發貨的要點

應如何改善庫存管理系統以進行標準化呢？以下匯總了在商品、產品等的發貨階段，物料管理負責人必須知道的要點和為提高庫存的準確性應做的要點。

要點一：從「後引法」到「先引法」的出庫變化

持有庫存，一有了客戶的訂貨，馬上就要考慮出庫情況。

通過電話、傳真收到客戶的訂單，然後製成接受訂貨備忘錄，再根據這個備忘錄從倉庫發貨。

物料脫銷或者不足訂貨量時，給客戶打電話，再將不足部份作為接受訂貨餘數(back order＝B/0)，一有補充就交貨，或者取消訂貨。製作能按訂單出庫部份的交貨單。然後記入庫存總賬的出庫量一欄，更新庫存數量。

在庫存管理中，這種做法叫做「後引法」。而理想的方法應該是「先引法」。在「先引法」中，從一開始到製成接受訂貨備忘錄這一步都與「後引法」相同，但接下來是首先確認庫存總賬的庫存量，如果有庫存就在庫存總賬上出庫，同時製作交貨單，在交貨單的一套單據中加上發貨指示單。

按照這種發貨指示單進行出庫業務。這種情況也和接受訂貨餘數的處理方法是一樣的。

手工作業大多使用「後引法」，但是用電腦進行庫存管理時，按道理應該使用「先引法」。導入了電腦，卻還使用「後引法」就太落

後了。仍然使用「後引法」是因為電腦上的資料和實際庫存不相符，在「先引法」中要過多修改製成的交貨單。

只能用「後引法」的公司，即使有來自客人的庫存詢問，也不能馬上答覆。即使從電腦中調出相關資料，能確認庫存訂貨部份，也只能回答「去倉庫確認現貨後再回答」。

用電腦進行庫存管理可以匯總來自客戶的訂單，製作成剩餘物料一覽表。剩餘物料一覽表清楚地標明了「各個編號的物料分別有幾個客戶訂了？訂了多少？」的資訊，甚至清楚地標明了「那個編號的物料存放在那個號碼的貨架」，出庫非常方便。

使用被稱為貨架建築和精緻儲料器的自動倉庫的公司，也可以通過電腦自動標明貨架號碼。

要點二：確認出庫的物料

請明確出庫的物料應該放置在那裏。在那裏，工作人員按照各送貨地址整理物料，並按需要加上貨物標籤、裝箱、打捆。

到這個階段，就可以製作交貨單、發貨單、貨物標籤(現貨表)等必要的單據。在這裏，請準確地核對區分各個客戶出庫的物料及其單據。然後，進行最後的打捆、發貨。

要點三：正確處理例外情況

庫存不相符的主要原因是因為次品、索賠品的換貨，或者工作時間以外、休息日等的緊急發貨等，沒有單據就發貨，過後忘記作正規的處理，類似這樣沒正確處理的例外的情況。

應遵守物料一變動就一定要伴隨單據的原則。在經營管理方面，即使是一元錢，不開單據就付錢是不可能的。但是一變成物料，雖然是幾十萬元的東西，沒有單據也發貨，這是常有的事，令人覺得不可思議。所以在核對了庫存以後，就要禁止無關人員出入倉庫，

嚴禁無單據出庫。

　　某些產業用設備製造商曾遇到這樣的情況：售後服務負責人由於因應客戶的要求，多數在休息日工作。一旦沒有了維修零件，就要進到倉庫取貨，而此時倉庫沒有人看管，特別是索賠維修的情況下，由於沒有從客戶手中拿到錢，也就沒有作任何單據處理。更有甚者，還有從組裝中的產品上把零件取下來的。顧客就是上帝，如果交貨的設備有故障，由於索賠，應對特急情況無論怎樣都不好辦，因此庫存當然不相符。

　　商品、產品上的庫存計算錯誤是更可怕的事情。有商品、產品庫存計算錯誤發生時，必須首先考慮以下方面。

　　庫存的計算錯誤時，應該嚴格、徹底地追查原因。小小的庫存計算錯誤也是大問題，被上司嚴厲地叱責後，也增加了緊張感，同時形成了內部牽制。因為也有認為是手工寫的庫存總賬只是改了庫存量的情況，所以要注意。

　　其次的情況是，儘管已將物品銷售給客人了，由於忘了工作正規處理而變成庫存錯誤計算。這樣當然會完全漏了付款通知單。總之，商品、產品上的庫存錯誤計算是有問題的。運用電腦後，應儘早確立應對存貨錯誤計算發生的計劃。

　　也有用「臨時單據」等非正式的單據出貨，過後卻忘了作正規處理的情況。只能徹底查明庫存錯誤計算的原因，減少例外處理，不能減少時，就只有使應對每種例外處理的策略化，並教育工作人員一定要作正規的處理。

9　出庫問題的對策因應

1. 出庫憑證「提貨單」上的問題

凡出庫憑證超過提貨期限，用戶前來提貨，必須先辦理手續，按規定繳足逾期倉儲保管費。然後方可發貨。任何白條子，都不能作為發貨憑證。提貨時，用戶發現規格開錯，保管員不得自行調換規格發貨，必須通過制票員重新開票方可發貨。

凡發現出庫憑證有疑點，或者情況不清楚，以及出庫憑證發現有假冒、複製、塗改等情況時，應及時與倉庫保衛部門以及出具出庫單的單位或部門聯繫，妥善處理。

物料進庫未驗收，或者期貨未進庫的出庫憑證，一般暫緩發貨，並通知貨主，待貨到並驗收後再發貨，提貨期順延，保管員不得發代驗。

如客戶因各種原因將出庫憑證遺失，客戶應及時與倉庫發貨員和賬務人員聯繫掛失。如果掛失時貨已被提走，保管人員不承擔責任，但要協助貨主單位找回物料；如果貨還沒有提走，經保管人員和賬務人員查實後，做好掛失登記，將原憑證作廢，緩期發貨。

2. 提貨數與實存數不符

若出現提貨數量與物料實存數不符的情況，一般是實存數小於提貨數。造成這種問題的原因主要有：

⑴物料入庫時，由於驗收問題，增大了實收物料的簽收數量，從而造成賬面數大於實存數。

⑵倉庫保管人員和發貨人員在以前的發貨過程中，因錯發、串

發等差錯而形成實際物料庫存量小於賬面數。

⑶貨主單位沒有及時核減開出的提貨數，造成庫存賬面數大於實際儲存數，從而開出的提貨單提貨數量過大。

⑷倉儲過程中造成的物料的毀損。

當遇到提貨數量大於實際物料庫存數量時，無論是何種原因造成的，都需要和倉庫主管部門以及貨主單位及時取得聯繫後再作處理。如屬於入庫時錯賬，則可以採用報出報入方法進行調整，即先按庫存賬面數開具物料出庫單銷漲，然後再按實際庫存數重新入庫登賬，並在入庫單上簽明情況。如果屬於倉庫保管員串發錯發而引起的問題，應由倉庫方面負責解決庫存數與提單數門的差數。屬於貨主單位漏記賬而多開出庫數，應由貨主單位出具新的提貨單，重新組織提貨和發貨。如果是倉儲過程中的損耗，需考慮該損耗數量是否在合理的範圍之內，並與貨主單位協商解決，合理範圍內的損耗，應由貨主單位承擔，而超過合理範圍之外的損耗，則應由倉儲部門負責賠償。

3.串發貨和錯發貨

所謂串發和錯發貨，主要是指發貨人員對物料種類規格不很熟悉的情況下，或者由於工作中的疏漏，把錯誤規格、數量的物料發出庫的情況。如提貨單開具某種物料的甲規格出庫，而在發貨時錯把該種物料的乙規格發出，造成甲規格賬面數小於實存數，乙規格漲面數大於實存數。在這種情況下，如果物料尚未離庫，應立即調動人力，重新發貨。如果物料已經提出倉庫，保管人員要根據實際庫存情況，如實向本庫主管部門和貨主單位講明單發和錯發貨的品名、規格、數量、提貨單位等情況，會同貨主單位和運輸單位共同協商解決。一般在無直接損失的情況下由貨主單位重新按實際發貨

數沖單（票）解決。如果形成直接損失，應按賠償損失單據沖轉調整保管賬。

4.包裝破漏

包裝破漏是指在發貨過程中，因物料外包裝破散、砂眼等現象引起的物料滲漏、裸露等問題。這問題主要是在儲存過程中因堆垛擠壓，發貨裝卸操作不慎等情況引起的，發貨時都應經過整理或更換包裝，方可出庫，否則造成的損失應由倉儲部門承擔。

5.漏記和錯記賬

漏記賬是指在物料出庫作業中，由於沒有及時核銷物料明細賬而造成賬面數量大於或少於實存數的現象。錯記賬是指在物料出庫後核銷明細賬時沒有按實際發貨出庫的物料名稱、數量等登記，從而造成賬實不相符的情況。無論是漏記賬還是錯記賬，一經發現，除及時向有關如實彙報情況外，同時還應根據原出庫憑證查明原因調整保管賬，使之與實際庫存保持一致。如果由於漏記和錯記賬給貨主單位、運輸單位和倉儲部門造成了損失，應予賠償。同時應追究相關人員的責任。

10 發料與領料的運作

1. 發料、領料的定義

所謂物料直接需求是指生產計劃、工作指派,製造部門為進行生產活動起見,對物料所產生的需求。除此以外,任何部門對物料的需求稱為物料間接需求。例如:製造部門不良品修換零件、設計部門設計所需零件、銷售部門售後服務所需零件,這些均為間接需求。

物料由物料管理部門或倉儲單位根據上級的生產計劃,將倉庫儲存的物料,直接、主動向製造部門生產現場發放的現象,稱之為發料。物料由製造部門現場人員在某項產品製造前,主動填寫領料單向倉庫單位領取物料之現象,則稱之為領料。

2. 發料與領料的適用範圍

物料的發放有其適用範圍,並非所有物料的需求方式都可由倉庫部門發料。對於直接需求的物料,採取物料發放的形式,對於間接需求的物料,則採用物料需求部門到貨倉領料的方式。

3. 發料工作的優點

(1)倉庫部門能夠積極、主動、直接地掌握物料

倉庫部門根據生產計劃部門開出來的製造命令單備料發料,只要計劃部門的計劃穩定,則倉庫發料自然順利,因而倉庫部門對於發料也就能直接掌握了。

(2)倉儲管理較為順利

倉庫部門根據生產計劃或製造命令單備料並一次性發料，如此倉儲人員工作較順利，因此較有餘力去進行倉儲整理以及各種倉儲管理的改善措施。

(3)加強製造部門用料、損耗及不良的控制，降低生產成本

由於採取倉庫部門對製造部門直接根據製造命令單一次性發料，製造部門不得不加強用料、損耗及不良的控制。若製造現場由於某項因素，造成損耗、不良品高於規定標準，那麼製造部門勢必前往倉庫要求補料，否則，製造部門之生產任務無法達成。而損耗之增高引起補料，往往需要上級核准或在廠務會議上檢討，因此製造部門不得不加強用料、損耗及不良的控制了，從而起到降低生產成本之功效。

(4)利於成本會計記賬

既然物料的資料易於掌握，則成本會計也就容易記賬了。

⑸利於生產計劃部門製造日程的安排

既然物料、用料、損耗、不良易於控制，計劃部門製造日程的安排也就越順利了。

4.採取發料方式的原因

物料直接需求宜採用發料方式，但是不少企業發料方式無法維持，不得不退而求其次採取領料方式。影響發料方式的因素主要有以下三種：

(1)穩定的生產計劃

生產計劃的穩定與否影響計劃部門與貨倉部門的配合，而計劃部門與貨倉部門配合是否良好，又影響到物料發放的順利。

　　一般情況，計劃部門在 2～3 天前就要開立工作指派給貨倉備料，而貨倉在現場製造前 2～4 小時內須向製造現場直接發料。

　　在生產計劃穩定的情況下，計劃部門開立的工作指派及貨倉的備料都能順利進行，發料工作的進行也就十分順利了。但在生產計劃相當不穩定的情況下，生產計劃變動頻繁，影響到工作指派的進行，使得貨倉備料工作非常困難。有時備料時間太短，在製造部門製造前夕來不及發料，有時料已備妥準備發放之前，生產計劃又變更，不得已重新備料，使得物料發放混亂而導致物料的誤發、漏發、少發、多發等情形。在生產計劃不穩定的情況下，發料方式難以維持下去，因此不得不採取領料方式了。

　　(2)標準損耗量的建立

　　貨倉發了 100 組材料零件，生產線絕對不可能製造出 100 件成品，因為在製造過程中會發生不良品、製造損耗的現象。那麼，計劃部門工作指派生產 100 件產品，貨倉到底應發多少材料零件呢，這就要看標準損耗量了。

　　在標準損耗量未建立的企業，容易造成製造現場人員到貨倉領料的現象，因而影響到物料發放制度的順暢。

　　(3)物料供應不繼的防止

　　在物料供應不斷的情況下，製造部門為防止生產線停工，不得不到貨倉領料，甚至將供應商剛送到尚未檢驗的物料直接拿去生產，致使物料的發放工作難以順利進行，因此要使物料的發放能夠順利進行下去，要對物料供應不繼的狀況加以防止。

　　5.採取領料方式的原因

　　眾所週知，領料方式對物料控制不太嚴格，但為什麼有的企業採取領料方式而不採取發料方式，原因如下：

(1)ABC 類物料中 C 類物料偏多，不加以嚴格控制，而採用領料方式。

(2)生產計劃常變更或物料計劃做得不好，進料常延遲或過分緊急，使物料部很難採取主動掌握的發料方式，而採取領料方式。

(3)觀念差距，認為物料不必那麼嚴格控制而採用領料方式。

(4)已經習慣化了，不想改變。

11 出貨文件管理

出貨管理是出貨過程管理的前提，是實現有效出貨的保證。就像聽指示一樣，只有把指示的內容聽對了，才能夠做正確的事情。

出貨文件的管理責任者包括：物料部負責執行文件與實施記錄的管理；市場部負責出貨指令性文件的管理；生產管理辦公室負責出貨計劃性文件的管理。

1.出貨計劃
①什麼是出貨計劃

出貨計劃也叫發運計劃，它是依據訂單、顧客要求、銷售計劃等文件以及生產進行的實際狀況綜合制定而成的重要性文件，目的是給物料部、生產部等部門提供一個發運產品的目標，並作為他們實施具體工作的依據。

出貨計劃是由生產管理辦公室制定的，制定後發行到物料部、市場部等相關部門使用。出貨計劃要及時更新。

②出貨計劃的內容

出貨計劃的內容要可以反映每次出貨的具體要求，例如，下面的一些項目要說明清楚：

· 出貨產品類別、名稱、規格、型號；

· 出貨產品的批號、批量和數量；

· 出貨日期；

· 出貨地點；

· 運輸方式；

· 產品目的地。

圖 9-11-1　出貨文件的作用示意

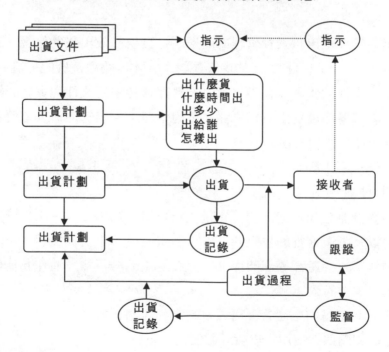

表 9-11-1　出貨計劃表

發行日期：　　　　　　　　　　　　　　　　　　　編號：

序號	產品名稱	型號	批號	批量	出貨數量	單位	出貨日期	出貨地	目的地	備註
TOTAL 合計										

特別事項說明：	制定：	批准：

③出貨計劃的有效性

事實上，出貨計劃並不是絕對的。也就是說，出貨計劃上指明的出貨日期、數量等會在實際出貨時有所改變，這是因為有下列不可控因素存在的緣故：

· 顧客實際接收的允許狀態；

· 運輸航班的局限性；

· 運輸能力的限制性；

· 天氣、環境的許可性；

· 政府機構的法令和政策的適宜性。

現實中當有上述情況之一時，都會影響出貨的實際執行。所以，出貨計劃只是一個目標，是相關部門實施準備的依據，並不是不能改變的。因此，它不是百分之百有效的。

2.出貨指令文件

①什麼是出貨指令文件

出貨指令文件是市場部根據出貨計劃、實際出貨的許可性和顧

客要求等因素,綜合後向物料部發出的實施出貨指示。出貨指令文件是必須要付諸實施的原則性文件,沒有任何理由可以拒絕。

出貨指令文件的形式可以是書面的和口頭的等幾種,無論何種形式,其效力都是同等的。具體包括如下:

· 發行的通報性文件;

· 傳真;

· 電郵(e-mail);

· 電話(須有記錄並得到確認)。

②怎樣執行出貨指令文件

物料部收到出貨指令文件後應立即進行確認,如有任何疑問,必須馬上反映並澄清。然後按文件的要求著手組織人馬,準備出貨。

圖 9-11-2　按出貨指令出貨

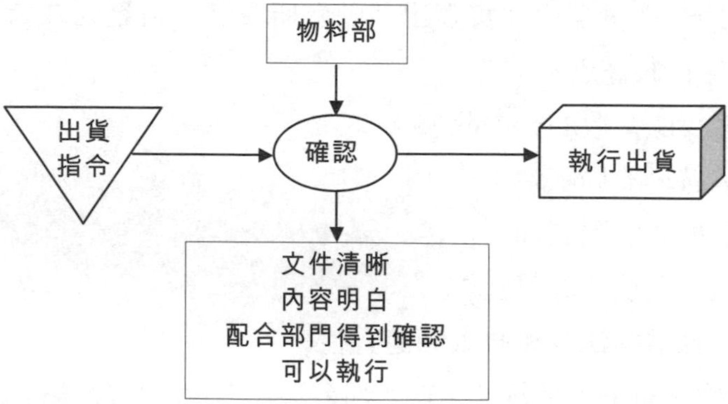

3.出貨報告

①什麼是出貨報告

出貨報告是物料部完成出貨後制定的證實性記錄文件。它是倉庫成品數量減少的依據,也是財務結賬的憑證。

出貨報告是由物料部制定的,製成後發行到財務部、市場部、

生產管理辦公室等相關部門使用。出貨報告要及時發行，最好是出貨的當天內就完成。

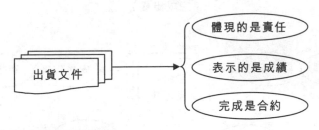

圖 9-11-3　出貨報告的作用

②出貨報告的內容

出貨報告的內容要可以清楚的反映本次出貨的詳細情況，例如，下面的一些項目要具體包括：

- 出貨產品類別、名稱、規格、型號；
- 出貨產品的批號、批量和數量；
- 完成出貨日期；
- 出貨地點；
- 承接運輸的單位和運輸方式；
- 產品出貨的目的地。

出貨報告是文件，可以用表單的表現，數量至少是一式四份，份數中可以包含任何形式的影本。

③出貨報告的通報方法

出貨報告由倉庫的主任制定，完成後須取得物料部主管的批准，批准後由物料部保存原本，複件通報到下列部門：

- 財務部，用於記賬依據；
- 市場部，用於安排銷售；
- 生產管理辦公室，用於安排和調整生產計劃；

· 其他有需要的部門。

圖 9-11-4　出貨報告的用途

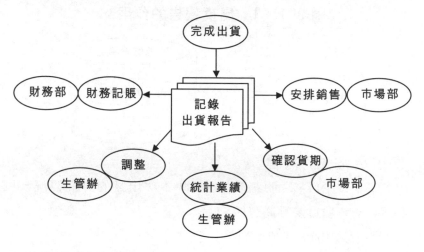

④出貨報告的保存

出貨報告應作為重要記錄進行保存，以便實現下列目的：

· 追溯性；

· 明確責任；

· 統計使用。

出貨報告的保存期限一般應是使用的當年再加一個日曆年。這個期限是最小的時間，使用中可以更長，但最終會報廢。

2003 年 1 月份的出貨報告至少要保存到 2004 年 12 月 31 日。2003 年是使用的當年，2004 年 1～12 月是一個日曆年。

⑤出貨報告的格式

出貨報告一般是在公司內部使用的，要使用公司規定的格式，但有些個別的 OEM 顧客會要求使用他們的格式，從滿足顧客的角度出發，也可以這樣做。

案例 塑膠加工廠的領發料改善過程

1.現況

⑴主要原料憑工令料單撥發物料。

⑵零配件及一般物料憑領料單發料，但為配合生產往往由工廠派員至庫房先行取用登記臨時賬，嗣後由庫房人員整理累計總數，再由工廠制領料單補辦領料手續。因此，經常拖延三、四天才能完成撥發手續。

2.現況缺點

⑴配料時有湊成整數(包裝之數量)，而庫房為防止原料受損，全部以整數撥配，導致庫房與工廠之間有所謂的「內賬」。

⑵工廠以三班制生產的安排與工令簽發時間不盡配合，有時竟有先生產後發工令的情況，因此主動撥料無法發揮應有的效率。

⑶經常先領用後辦手續，且系匯總辦理，甚至由庫房催辦。

⑷無詳細作業流程與規定。

3.改善辦法與作業規章

⑴依據用料之特性將物料的撥領分為下列三種狀況：

①配料：凡產品上之主料均由庫房直接配料到現場，其他緊急採購或欠撥之物料於物料到貨驗收完畢後，亦由庫房依領料單配料至請領單位。

②領料：產品之副料及其他物料均採用此種方式。

③追加料：配撥之主料不足時採用之方式。

⑵配料之數量依據工令。撥配，撥配量以一個月為基準。

圖 9-11-5　配料作業執行流程

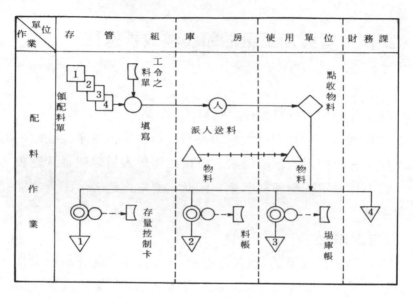

⑶經常之維護用料每個月領一次料，場庫依據一個月之消耗量為控制基準，每個月檢討一次，辦理領料作業。

⑷庫房於撥發物料時，以先進先出為原則。

⑸凡配料作業均需依據下述流程圖與流程說明執行。

⑹流程說明

①存管組依工令所附之料單填寫，領配料單，一式三聯。填寫數量時需將數量湊成整數（包裝之數量），並將單據送至庫房。

②庫房依此單據派人持單據送料到使用單位（場庫）。

③使用單位（場庫）點收於單據上並簽章完後送料者將單據第1、2聯分送存管組與財務課。

④庫房依此單據轉登記於賬卡之耗用欄。

⑤存管組，依此單據轉登記於存量控制卡之耗用欄。

⑥場庫依此單據轉登記於場庫賬。

(7)凡領料作業均需依據下述流程圖與流程說明來執行。

圖 9-11-6　領料作業執行流程

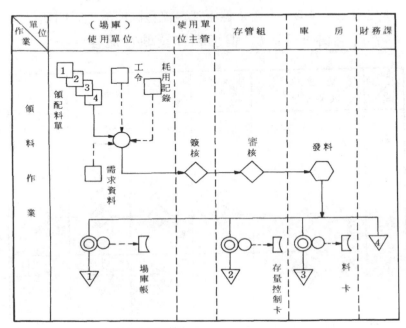

流程說明：

　　①使用單位依據工令或耗用記錄或其他需求資料，填寫領料單，經本單位主管簽核。

　　②存管組查核存量控制卡上是否有領料單上所述之物料，沒有則填請購單，若有則在領料單簽章，（交由領料人員持此單據）到庫房領料。

　　③庫房依領料單撥發物料完後將單據之 1、2、3、4 聯，分送至存管組、庫房，使用單位（廠庫）、財務課。

④場庫依據單據轉登記於場庫賬上。

⑤存管組依據單據轉登記於存量控制卡上。

⑥庫房依據單據轉登記於料卡上。

⑻凡追加料作業，均需依據下述之流程圖與流程說明執行。

圖 9-11-7　追加料作業執行流程

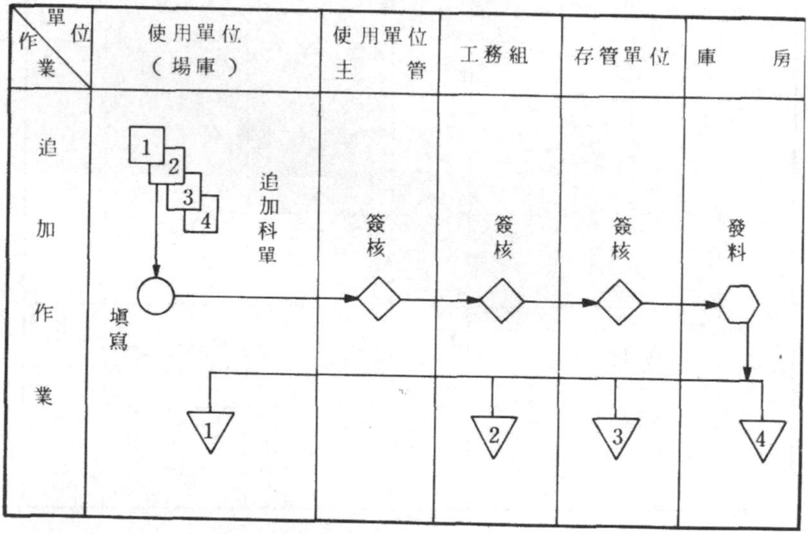

流程說明：

①使用單位填寫追加料單，經本單位主管、工務組，存管單位簽核後庫房領料。

②庫房依單據所述之數量發料。

③上述手續後將單據之 1、2、3、4 聯分送至使用單位(場庫、工務組、存管中心、庫房)。

步 驟 十

退貨要放入倉庫

1 要建立退貨管理流程

處理退貨會消耗倉管員大量的精力，因此應該對退貨進行管理。所謂退貨，狹義地講，是指倉庫已辦理出庫手續並已發貨出庫的物料，因為某種原因又被退回到倉庫的一項業務。

「退貨」既包括上述「實際退貨」的概念，也包括「換貨」的概念。退貨的基本流程可以簡單歸納為：確認退貨，制訂退貨計劃，接受退貨，驗貨，儲存退貨，換貨或退款處理。

1.確認退貨

發生退貨業務時，應由相關部門確認退貨。在確認退貨合理後，同意退貨的部門填寫「退貨單」。退貨單是確認退貨發生的憑證。倉管員在接到退貨單後，制訂退貨計劃。

2.制定退貨計劃

退貨單的內容包括：原銷售發票號、客戶、貨品名稱、單位、

單價、稅率、退貨數量等。根據退貨單、物料類別以及退貨區規劃和倉儲情況，制訂退貨計劃，安排退貨相關事宜。

3.接受退貨

當退貨到達倉庫的時候，核對退貨單和物料，要確保一致。在確認無誤後，可將退貨業務視同入庫業務處理（入庫業務操作可以參考第三章相關內容），根據退貨單填寫入庫單。

4.驗貨

由品質驗收員具體核對退回物料憑證內容，查明退貨原因，確認退貨物料是否本倉庫發出，作好退回物料台賬處理。

品質驗收員對確系本倉庫發出的物料，按退回物料的品質標準，作詳細的品質驗收和檢驗，確認其是合格品或不合格品。經品質驗收和檢查，被確認的合格品或不合格品的退貨物料，由品質驗收員填制「退回物料驗收通知單」。

5.儲存退貨

若驗收合格，退回物料方可存入退貨區。退貨區應該與收貨區有明顯的區分，最好將退貨區按照不同功能進行劃分，如返廠區、返庫區等。退貨區的物料應進行分類堆放，且必須有明確的標識，如在外箱上黏貼退貨單一聯。

若驗收不合格，經過維護保管後再存入倉庫。如果物料殘損但尚有使用價值，收入指定庫區。如果沒有使用價值，作為廢品處理。

對於退回物料，倉庫和業務部門均應建立台賬記錄，相關憑證等均應建立檔案，保存五年備查。

在登賬時，應在發出欄內用紅字填寫，從而增加庫存數量和金額。同樣，倉庫統計表中，也應作為減少發出量計算。特別注意，在任何情況下，都不可以重新驗收入賬，因為這樣會造成假像，容

易導致失誤。

6.換貨或退款處

退回物料經驗收確是本倉庫發出物料，且對方不承擔任何責任，那麼無論物料驗收合格與否，均應酌情辦理退款或換貨手續。

2 半成品退料之控制流程

1.目的

對本公司半成品退料補貨進行控制，確保退料補貨能及時滿足生產的需要。

2.適用範圍

適用於本公司因訂單變更超發及不良半成品的退料補貨。

3.職責

⑴貨倉部：負責半成品退料的清點與入庫工作。

⑵品管部：負責半成品退料的品質檢驗工作。

⑶生產部：負責半成品物料退貨與補料工作。

4.工作流程

⑴退料匯總：生產部門將不良半成品分類匯總後，填寫《半成品退料單》，送至品管部。

⑵品管鑑定：品管檢驗後，將不良品分為製損、來料不良品與良品三類，並在《半成品退料單》上註明數量。對於超發半成品退料時，退料人員在《半成品退料單》上備註不必經過品管直接退到貨倉。

(3)半成品退貨：生產部門將分好類的半成品送至貨倉，貨倉管理人員根據《半成品退料單》上所註明的分類數量，經清點無誤後，分別收入不同的倉位，並掛上相應的《物料卡》（有關作業參考《不合格品控制流程》）。

5.半成品退料流程

6.相關文件

不合格品的控制流程。

7.相關表單

⑴半成品退料單。

⑵半成品補料單。

⑶物料卡。

⑷補貨：因退料而需補貨者，需開《半成品補料單》，退料後辦理補貨手續。若半成品存貨不夠補貨者，需立即通知物料控制部門和半成品生產部門，及時安排生產。

圖 10-2-1　半成品退料流

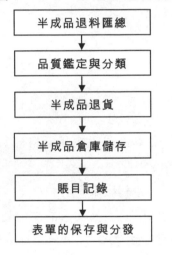

半成品退料匯總 → 品質鑑定與分類 → 半成品退貨 → 半成品倉庫儲存 → 賬目記錄 → 表單的保存與分發

⑸賬目記錄：貨倉管理員及時將各種單據憑證入賬。

⑹表單的保存與分發：貨倉管理員將當天的單據分類歸檔或集中分送到相關部門。

3 退貨產品的管理

退貨產品指經過正常管道出貨後，由於某些原因又被退回到公司的產品，它不同於被召回的產品。退貨產品的主要類別包括：

①顧客檢驗退貨品：被顧客整批退回的未經使用的產品；

②顧客使用退貨品：已經過使用的非批量性產品。

1.顧客檢驗退貨品的管理方法

這類退貨產品一般是因顧客或其他機構在檢驗中發現了某些問題而導致的，對它們的處理按如下方式進行：

⑴接收退貨報告單，明確退貨事宜；

⑵按單接納退貨品，清點數量、確認物品狀態；

⑶按相關規定將退貨品安置在不合格品區，並做好標識；

⑷通知品質部實施檢驗；

⑸通報工程技術部分析檢驗結果，並制定處理措施；

⑹措施一般是針對專項不良事項進行返工處理；

⑺生管排返工計劃，生產部按計劃實施返工；

⑻返工後 OA 再檢驗；

⑼合格後入庫管理，等待再次出貨。

圖 10-3-1　顧客檢驗退貨品的管理流程

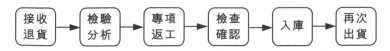

接收退貨 → 檢驗分析 → 專項返工 → 檢查確認 → 入庫 → 再次出貨

2.顧客使用退貨品的管理方法

這類退貨產品一般是因顧客在使用中發現了某些產品本身的功能或性能問題，致使顧客產生不滿意而造成的，對它們的處理按如下方式進行：

⑴接收退貨單，明確並區分退貨來源地和其他事宜；

⑵按單接納退貨品，清點數量、確認物品狀態；

⑶按相關規定將退貨品安置在不合格品區，並做好標識；

⑷通知品質部實施檢驗，記錄檢驗結果；

⑸通報工程技術部份析檢驗結果；

⑹依據分析結果制定糾正和預防措施，以改善生產；

⑺將退貨品實施拆機處理；

⑻生管安排拆機計劃，生產部按計劃拆機；

⑼拆出的零件視完好情況分類後交物管部處理；

⑽良品交 IQC 檢驗，不良品及 IQC 檢驗的不合格品報廢處理；

⑾檢驗合格的良品實施入庫管理。

 案例 **退料繳庫作業的改善**案例

工廠於生產過程中，在工作現場必會產生一些對生產功能沒有幫助之物料，為使製造現場保持井然有序，有必要將此類物料盡速繳回庫房，此類物料不外乎下列四種：

⑴規格不符之物料。

⑵超發之物料。

⑶呆、廢料。

　　另外當產品完成後，若無法直接自生產場所直接運洽客戶，則產品通常亦須辦理繳庫作業。

　　各工廠間之物料轉移謂之轉撥，在一般工廠中，半成品通常不繳回庫房，而直接由生產工廠交給下一個加工工廠，此類作業即謂之轉撥作業。以實例分析來說明退料，繳庫與轉撥作業。

1. 現況

目前繳庫作業分成品繳庫、餘料繳庫、退貨繳庫及超發品繳庫。

2. 現況缺點

　　無詳細規章，作業人員憑經驗處理業務，因而若牽涉到重大責任之事務時互相推委，無人主動擔當任務，其中以成品與顧客退貨之繳庫作業最為嚴重。

3. 改善辦法與作業規章

⑴繳庫(轉撥)作業

①成品繳庫。

②半成品繳庫(轉撥)。

③超發物料之繳庫(退料作業)。

④客戶退貨之繳庫(轉撥)。

⑤場庫呆料之繳庫。

⑥廢料之繳庫(轉撥)。

⑵成品繳庫：各工廠生產之成品，於完工後仍未交與客戶者，工廠應於一星期內辦理繳庫作業，填制繳庫單(退料單)，洽庫房接運入庫。若客戶直接由工廠提貨，則業務課辦理轉撥作業，須填制轉撥單，將成品點交業務課，並依轉撥單，繳庫單辦理工令結報。

⑶半成品繳庫：各工廠相互支持之半成品，原則上直接將其轉撥給使用工廠(填制轉撥單)，但若使用工廠無法擺置，則須辦理繳

庫作業。

(4)超發物料之繳庫（退料作業）：

①工令完成後不再用之餘件，工廠應於三天內辦理繳庫作業，填制繳庫單（退料單），洽庫房回運入庫。

②凡工令當月不能完成者，於辦理繳庫作業時僅做轉賬作業，由工廠同時填制繳庫單（退料單）與領料單，物料不運回庫房。

③工令結束後，仍有餘件，但其餘料為次一工令之原料，則不辦理繳庫作業，庫房僅暫時登記其數量，而於主動撥料時扣除。

(5)客戶之退貨：客戶退貨由業務課簽收，依實際狀況暫存於庫房或場庫，由業務課協調技術課、生產工廠、物管課會同鑑定，分退貨商品為：可再生廢品、不可再生廢品及可重加工品，簽核後再由業務組辦理下列手續：

①可再生之廢品：辦理轉撥作業，將其轉撥至廢料處理場。

②不可再生之廢品：辦理廢料繳庫作業。

③可重加工者：協調工務課由原生產工廠檢查再制。

(6)場庫之廢料：場庫中之物料若經認定核判為呆料，則需於三天內辦理繳庫作業，將呆料繳回庫房。

(7)廢料：凡工廠加工過程產生的殘餘物料，不堪加工者，均稱之為廢料，各工廠需將所有廢料轉撥廢料處理場，廢料處理場將能再生的廢料，加工做成再生料，而無法再生的廢料辦理繳庫作業。

(8)不可再生的廢料與殘料，依儲存數量之狀況，每隔一段期間由供應組與業務課協調辦理公開招標。但若無市場價值，則簽專案辦理銷毀。

(9)各部門於辦理物料繳庫時應依流程圖與流程說明執行。

圖 10-3-2　物料繳庫執行圖

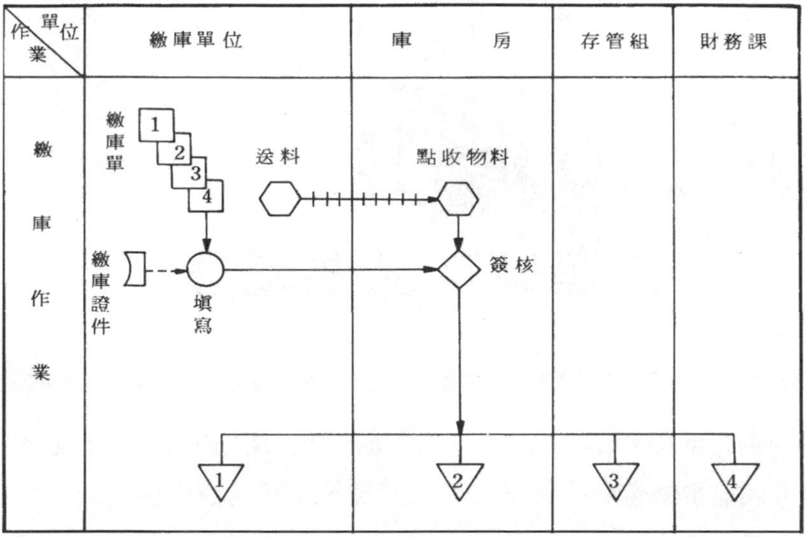

作業\單位	繳 庫 單 位	庫　房	存管組	財務課
繳庫作業	繳庫單 ① ② ③ ④　送料　繳庫證件 ⊃　填寫 ○	點收物料 ⬡　簽核 ◇		
	▽①	▽②	▽③	▽④

流程說明：

⑴繳庫單位於物料繳庫時應依據：繳庫證件第⑴、⑵、⑶類物料依據工令，第⑷類依據退貨單，第⑸、⑹類依據呆、廢料處理單，填寫繳庫單，一式四聯。

⑵庫房依繳庫單查驗物料情況與數量無誤，蓋章簽核後，留存第 2 聯，並將 1、3、4 聯依序分送繳料單位，存管組，財務課。

⑶各單位接獲單據後，應依繳庫單之內容轉登記入料賬，註明客戶之退貨；繳料單位為業務課。

步 驟 十一

久滯庫存品要處理

　　企業有呆料、呆貨、廢料，如果不能為已所用，越早處理越好，處理方式可根據企業的實際狀況來選擇。某機電設備生產公司，在年終大盤點時發現公司存有大量的呆料、廢料和部份呆貨，公司在新年開始之前將這批物料處理掉。公司利用自己網絡推薦呆料、廢料回收企業，還在 internet 上公開了銷售呆料、廢料、呆貨處理的消息。

1 呆廢料的預防與處理

1. 呆廢料的預防與處理
(1)定義

　　所謂呆料，指庫存週轉率極低，使用機會極小的物料，呆料並未喪失物料原有應具備的特性功能，只是呆置在倉庫中很少去動用

而已。

所謂廢料，指經過相當之使用，本身已殘破不堪，失去原有之功能而本身無利用價值之物料。

所謂殘料，是指在加工過程當中，所產生的物料零頭。

(2)發生原因

呆廢(殘)料發生的原因不外下列七點：

①變質。如布匹、紙張褪色，金屬生銹，橡皮硬化，木材受蟲蛀等等。

②驗收的疏忽。

③變更設計或營業種目之改變。

④不敷用。原有的設備，因業務擴大而不敷當時之需要。

⑤更新設備。因機器設備壽命已盡或技術進步，為求高效率的生產不得不將原設備報廢。

⑥剪截的零頭邊屑，經濟價值甚低，常被視為廢料。

⑦拆解的包裝材料，經濟價值甚低，經常集中一處，以廢料處理之。

2.呆廢料之處置目的與辦法

(1)目的

呆廢(殘)料之處置目的如下：

①物盡其用：呆廢(殘)料閒置於倉庫內而不能加於利用，久而久之物料將鏽損腐壞，其價值將更低，因此應物盡其用，適時予以處理。

②減少資金積壓：呆廢(殘)料閒置於倉庫內而不能加以利用，使一部份資金積壓在庫房裏，若能適時加以整理，即可減少資金積壓數量。

③節省人力及費用：呆廢(殘)料在產生之後而尚未處理之前，仍需有關的人員加以管理而發生各種管理費用。若能將其適時處理，則可免掉上述之人力及管理費用。

④節省儲存空間：呆廢(殘)料日積月累，勢必佔用龐大的儲存空間，而影響正常的倉儲作業。為節省儲存空間，對呆廢料適時予以處理。

⑵處理辦法

呆廢料處理辦法如下：

①自行加工：設一廠房專門處理有價值的廢料，如鹼業公司對廢氣的處理。

②調撥：某部門的呆廢料，可能為另一部門極需的物料，因此，在此種情況下可調撥利用。

③拼修：將數件報廢之機件，拆開，將其完好之零件重新組合為吾人所需要之機件。

④拆零利用：將報廢之機件拆散，將其完好之零件保存下來，以供保養同類零件之用。

⑤讓予：將其報廢之設備，讓予教育機構。

⑥出售或交換。

⑦銷毀：凡無價值者，應行銷毀或掩埋，以免佔據庫存空間。

3.呆廢料之預防方法

呆廢(殘)料，雖可推賣掉，但其所獲得之收入與先前高價購入相比，其損失頗大，因此為避免此種損失，宜事先預防之，其方法如下：

⑴依物料之本質，採用不同之存量控制方法，並依此決定儲存方法與設備，防止物料之變質。

(2)驗收時力求細心,防止不合格物料混入。

(3)儘量將原有物料用完,除非不得已不要中途改用新物料。

(4)推行標準化與簡單化運動。使用料的用途增多,而發生呆料的可能性減少。

(5)銷售、生產與物料三部門應密切配合,使產銷與供料不發生脫節現象。

(6)妥善儲放物料,防止物料損毀,注意預防保養,提高設備效率,稗益設備之壽命,不致其變成廢料。

(7)剪截需事先設計,務使零頭減至最少。

(8)拆解下來的包裝材料,儘量想辦法利用。

(9)隨料處置呆廢料,以減少呆廢料的積壓資金與佔用空間。

表 11-1-1　及時處理呆料的好處

好處	說明
節約倉儲空間	呆料長期放在倉庫,勢必佔用大量的倉儲空間,有可能影響正常的倉儲管理。因此,適時處理呆料,可以節約許多倉儲空間
物盡其用	呆料閒置在倉庫內而不能加以利用,久而久之,物料將鏽損腐蝕,價值降低。因此,生產企業要及時處理呆料,重新發揮其作用,體現其價值,做到物盡其用
減少資金積壓	呆料閒置存倉庫而不能加以利用,這就表示要有一部份資金呆滯在呆料上如果適時處理呆料,可以減少資金的積壓
節省人力及費用	呆料在沒有做出處理前,必須有專門的人員進行管理,因此會發生各種管理費用。如果能及時處理呆料,就可以節省這些人力及管理費

2 呆料的預防處理措施

呆料是週轉率極低呆滯在倉庫或生產線的原料、在製品及成品，呆料雖然不是有缺陷或須加以報廢的材料，雖是良品，卻因使用率及週轉率極低，未知何時方能回收其價值。

生產工廠自原料而生產而成品而銷售而取得貨款，若買賣業則自進貨而銷售而取得貨款，取得貨款後，再以其一部份購料或進貨，而形成一循環。呆料發生，將使此項循環無法順利運轉，有如溪流中阻水淺灘，其為害甚大。

呆料若已形成，即使以各種方法加以處理，亦是費神費力，不能免於損失，吃力不討好，故預防重於處理，自不待言。預防之道，乃是「解鈴還需繫鈴人」，亦即針對呆料可能發生之原因，徹底消滅之。有人誤以為只是物料部門之責。其實呆料預防，公司大部份部門均有其責任，必須全體同仁共同協力，方可奏效。

1. 銷售部門的原因

(1)市場預測及銷售計劃

市場預測欠佳，致使銷售計劃不確實；銷售計劃不時變更，亦將造成生產計劃變動不居。如此，在原有產品方面，將使所備之料或所進之貨形成呆貨；在新產品方面，因趕運不及，將可能形成停工待料或缺貨。因此，市場預測及銷售計劃應力求穩妥可靠確實，切忌變更頻繁。若有某種產品，如客戶因種種原因街無法確定訂單，但其原料採購週期需時甚久，致須預先採購材料儲存者，應與客戶

協商，取得其授權，使其對我所預購之原料負全責。此項做法，只要能設法使客戶明白情況，客戶為求供應及時，通常均可照辦。

(2)客戶訂貨

客戶訂貨不確實（例如僅以口頭承諾），取消或更改訂單，除將使未運成品及在製品形成呆料外，若產品牽涉特殊規格原料，此項原料亦將成為呆料之一。是故客戶訂貨，應要求書面訂單。如因時限需要，在正式訂單未收到前，對國外客戶亦應要求先以電報確認。在訂單中，應設法列入賠償取消訂單費用條款，以便於取消訂單時索賠，如客戶變更產品型號及規格，應設法勸服其採用逐漸變更用完舊料之法，以免雙方損失。

(3)接受訂單

接受訂單時若未能清楚瞭解顧客對產品要求、產品規格、產品條件及其它訂貨條件，則在產品本身及交貨運輸方面，均極易遭致退貨或收款困難，造成呆料。銷售人員於接受訂貨時，對此項內容均須清楚而有把握，並將之正確完整的傳送至工程、料管及生管部門。對於產品規格，應要求客戶發給書面數據如藍圖及檢驗標準等。如規格變更，亦必要求客戶以書面為之。口頭通知，易滋料紛，我亦無交涉根據。銷售人員若於接單前無把握，須請求工程人員會同與客戶研討。

2.工程部門的原因

(1)產品設計

產品設計錯誤，或設計變更，或設計不受歡迎，均能使原先所準備之原料及產生成品成為呆料。因此，對於工程設計人員，須慎重僱用，加強訓練；對於新產品，須先試製或試銷。若貿然投入大量生產，將極易造成呆料的發生。

(2)原料標準化

協力廠商製造之原料及包裝材料等，因可依我之特殊規格而生產，但價必高，且因其通用性低，於訂單情況改變時，常因其他產品無法使用形成呆料。若於設計時，使用其標準規格材料，不但購價較低，且使用亦較具彈性。

(3)原料報廢率

工程部門對於每項產品所使用之每項原料，均須分別訂立標準報廢率，以使採購單位據以購料，生產單位據以領料。標準報廢率過高，原料將有剩餘，可能形成呆料，但若過低則於訂單交貨接近完成時形成停工待料，為德不卒。因此，工程部門對於原料標準報廢率應定期加以全面檢討，以符實際。生產部門若發現實際報廢與所定標準相差過巨，無論其為超過或不足，均應自動回饋工程及物料部門，立即加以檢討修正。

3.物料部門的原因

(1)物料管制

材料計劃不當，存量控制不夠嚴密，均易造成呆料。材料準備充足，固可減免停工待料的損失，但除庫存增加資金積壓之外，亦增加呆料之危機。如何計劃物料排程，如何訂立安全存量，實應深加檢討研究。一般言之，對於普通規格用途廣泛材料，除根據訂單要求外，尚需根據平均用量及採購週期等數據預購若干，作為安全存量；對於特殊規格材料，若欲超出訂單要求而預購，必須協商銷售人員或取得客戶授權，並經高級人員核准方可。

(2)採購管制

採購不當，如交期延遲、品質不良、材料規格不清、超量採購、或對協力廠商輔導不足時，均可能造成呆料。例如防止廠商交貨延

遲，為急於趕上生產，被迫以特認勉強接收有缺點原料，緊急期間過後，正常合格材料已到，特認原料常因生產不便而被束諸高閣。又如原料規格不清，所以之料雖有缺點，但其責在我，只得忍痛接收。因此，材料採購，必須訂立適當程序及制度，對於採購不當或表現不佳之協力廠商，亦須有適當之處理或輔導。

(3)進料驗收

進料檢驗疏忽、檢驗不夠徹底、檢驗儀器不夠精良，均易使品質不佳原料蒙混過關，除造成生產時效率降低外。出貨後可能被客戶退貨而形成呆料。又若最後決定該項原料不能再行使用而予退庫，但又無法退還協力廠商時，呆滯原料自亦增加。如何建立進料檢驗制度，購置儀器加強檢驗，並須注意。

(4)倉儲管理

料賬管制不佳，賬料不一，因數據不確，極易造成缺料或呆料。倉庫設備不良，物料遭致水浸、風乾、熱烘及蟲咬等而致變質，或價值降低，或不便使用而成呆料。因此，設立原料賬卡表報制度，訂立存貨抽查及盤點制度，注意倉儲設施，發料及交貨時採用先進先出法，均可降低呆料損失。

4.生產部門的原因

(1)生產計劃

生產計劃應加強產銷協調。若生產計劃錯誤，將造成備料錯誤。在新舊產品更替時，生產計劃應十分週密以防止舊型號產品之在製品及原料造成呆料。

(2)生產管制

由於生產管理疏忽，常易造成超量生產，形成呆滯成品及在製品。此於訂單生產工廠，因產品型號變更頻繁，更易發生。此除生

產線人員對各站均應加強安排及注意外，生產管制人員亦應隨時注意追蹤查考。一般控制嚴密的公司，對於生產部執行生產計劃情況，均按週編列生產排程及實際產量此較表，顯示何者延遲何者超產，分送生產線及有關單位檢討改進。此於呆料之控制，極有幫助。

(3)領料管制

領料管制不當，原料數量極難掌握，極易造成缺料或呆料。生產線領料，應按照工程部所訂之用料清表所定種類及數量領料。如用料超量，應填具原料超領單經核准後領料。訂單所訂數量完成時，如尚有餘料，應退庫儲存，以便物料部統籌管制。

3 呆廢料之管理制度

第一章　總則

第一條：目的

為有效推動本公司滯存材料及成品的處理，以達物盡其用、貨暢其流，減少資金積壓及管理困擾的目的，特制訂本準則。

第二條：定義

1. 滯料：凡品質(型式、規格、材質、效能)不合標準，存儲過久已無使用機會；雖有使用機會但用料極少且存量多而有變質顧慮；因陳腐、劣化、革新等現狀已不適用，需專案處理的材料。

滯存原因分類代號如下：

(1)銷售預測偏高致儲料過剩(計劃生產原料)；

(2)訂單取消剩餘的材料(訂單生產)；

⑶工程變更所剩餘的材料；

⑷品質(型式、規格、材料、效能)不合標準；

⑸倉儲管理不善致陳腐、劣化、變質；

⑹用料預算大於實際領用(物料)；

⑺請購不當；

⑻試驗材料；

⑼代客加工餘料。

2.滯成品：凡因受品質不合標準、儲存不當變質，或製妥後遭客戶取消、超製等因素影響，以致儲存期間超過 6 個月的成品(次級品超過 3 個月)，需專案處理者。

⑴計劃生產

①正常品繳庫期間超過 6 個月未銷售或未售完者；

②正常品繳庫期間雖未超過 6 個月但有變質者；

③與正常品同規格因品質或其他特殊因素未能出庫者；

④每批生產所發生的次級品儲存期間超過 3 個月者。

⑵訂單生產

①訂單遭客戶取消超過 3 個月未能轉售或轉售未完者；

②超製者；

③生產所發生的次級品。

⑶其他

①試製品繳庫超過 3 個月未出庫者；

②銷貨退回經重整列為次級品者。

第三條：篩選滯存處理專人

1.設適當專業人員，長期專責處理滯存材料及成品，主管亦負責督促及督導工作；

2.為強化處理機能，以滯存處理專人為中心籌組工作小組，積極研擬可行的處理途徑，並定期(至少每月)檢查追究處理結果。

第二章　工作職責及作業流程

第一條：各有關部門及處理專人的工作職責

1.物料管理科

⑴「6個月無異動滯料明細表」的編制；

⑵「滯料庫存月報表」的編制。

2.滯料處理專人

⑴請購案件核對有無滯料可資利用；

⑵運用工作小組的機能追查各項材料 6 個月無異動的原因，擬訂處理方式期限；

⑶報廢簽呈的處理；

⑷留用部份的督促；

⑸填具「滯料發生及處理結果匯總表」，送總經理簽核；

⑹滯料處理結果報告資料的編印及報告(原則上分上、下半年兩次)。

3.工作小組

原則由營業、技術、工程、資料、廠務部門指定人員組成。由滯料處理專人為中心，定期舉辦檢查會。

第二條：滯料處理作業流程

1.各公司物料管理科每月 5 日前，應依料庫別的原物料中最近 6 個月無異動(異動的依據以配料單及領用單為準)，或異動數量未超過庫存材料的 30%，列出「6 個月無異動滯料表」，一式三聯，送交滯料處理專人；

2.滯料處理專人接獲「6 個月無異動滯料表」後，應即運用工作

小組的機能，追查滯存(6個月無異動)原因及擬訂處理方式與期限，並填妥下列各欄，呈總經理核准：

　　⑴「發生原因」欄：依第二條第一項所訂的原因代號填入「發生原因」欄，並作具體說明；

　　⑵「擬處理方式」欄：擬處理方式，以Ａ：轉用，Ｂ：出售，Ｃ：交換，Ｄ：拆用，Ｅ：報廢，等代號填入「擬處理方式」欄；

　　⑶處理部門欄：依統一規定的部門代號填入「處理部門」欄；

　　⑷「具體方案說明」欄：具體處理方案應於「具體方案說明」欄予以說明。

　　3.資料科接獲「6個月無異動滯料表」後，應立即於材料賬卡註明為滯料及填寫處理方式。

　　4.滯料處理專人依「6個月無異動滯料表」將處理方式屬於「出售」、「交換」的部份交由採購處理；

　　5.工程部門接獲處理專人送達的「滯料處理表」後，應立即積極依所擬訂的處理期限予以處理，處理時在「處理記錄」欄記錄。屆滿期限尚未處理或未處理結案者，應即說明原因並重擬處理方式及處理期限後送處理專人(已處理結案部份亦同時送達)，經處理專人簽註意見並呈總經理核示後，送回工程部門繼續處理；

　　6.擬以「報廢」方式處理部份，應由處理專人依資材管理準則的核決許可權簽準報廢，並由物料管理部門根據核准及簽呈開立材料領用單及繳庫單繳入廢料倉庫；

　　7.處理部門未將已屆滿處理期限的「滯料處理表」送交處理專人時，處理專人應即以「催辦單」督促；

　　8.處理專人於次月10日前提報「滯料出售明細表」及「滯料發生及處理結果匯總表」呈總經理簽準。

第三條：各有關部門及處理專人的工作職責

1.物料管理科

⑴「滯成品明細表」的填具；

⑵滯成品的整理：依品名、規格歸類，與正常品分開堆放，具有明顯標示，並於「成品收發記錄」上加蓋「滯存品」字樣章，便於識別處理。

2.滯成品處理專人

⑴運用小組的機能追查滯存原因，擬訂處理方式及期限；

⑵處理情況的督促；

⑶報廢簽呈的辦理；

⑷「滯成品發生及處理匯總表」的填制；

⑸滯成品處理結果報告資料的編印及報告。

3.滯成品處理工作小組

⑴追查滯存發生原因；

⑵與處理專人共同擬訂處理方式及處理期限。

⑶負責滯存成品品質鑑別及是否可改用(製)的鑑定。

4.營業部門：負責滯成品的銷售。

5.利用部門：處理方式擬訂為「利用」部份，利用部門應於處理期限內予以處理。

第四條：滯成品的處理依下列流程辦理

1.成品科每月 15 日前應根據「成品收發記錄表」填具「滯成品明細表」，一式兩份送滯成品處理專人；

2.滯成品處理專人接獲「滯成品明細表」後，應立即運用工作小組的機能，追查滯存原因，擬訂處理方式及處理期限，呈總經理批示後，一份送成品倉庫，一份處理專人存查；

3.處理部門於處理時應將所處理的數量登記於「處理記錄」欄內，屆處理期限內應將滯成品處理表送交處理專人（結案與否均送），屆處理期限已過仍未結案者，處理部門應立即說明原因並重擬處理方式及期限，經處理專人簽註意見並呈經理核示後，送回處理部門繼續處理；

4.處理專人應依據處理期限的「滯成品處理表」，將結案日期或重擬處理期限登錄於「滯成品明細表」內，以利督促；

5.處理專人於次月 10 日前填寫「滯成品出售損益明細表」及「滯成品及處理結果匯總表」，呈總經理核簽。

4　針對庫存品的品質監督

庫存品日常品質監督的主要責任者，是物管部的倉庫管理員，他們應該是各負其責，誰管的物料由誰管理和負責，而且責任到人，負責到底。

各班組長和倉庫主任具有監督的責任，他們應該監督倉管員的工作，通過實行走動式管理，確保在庫品的品質監督工作有效。

1.日常品質監督的方式和性質

總體上講，在庫品日常品質監督的工作方式是巡視，性質是目視檢查。

⑴巡視：定時巡　查看。

⑵目視檢查：用眼睛觀察確認。

2.日常品質監督的實施頻次

基本上，日常品質監督的實施頻次是：

⑴每班不少於一次；

⑵夜班也不能例外。

日常品質監督無須記錄檢查報表，但必須有實施確認表，以免擔當人員遺忘和進行必要的追溯。

3.日常品質監督的內容

日常品質監督通常需要確認如下的內容：

⑴物品的擺放狀態，如有無東倒西歪等；

⑵物品本身的狀態，如有無腐爛、生銹等；

⑶物品的環境狀態，如有無雨淋、日曬等；

⑷物品的有效期。

4.日常品質監督的注意事項

日常品質監督可以利用收發料的機會同時進行，以減少倉管員的勞動強度，具體方法是：

⑴發出物料時確認所發出物料及其週圍物料的品質狀態；

⑵接收物料時確認所接收物料及其週圍物料的品質狀態；

⑶在收發物料的過程中順路邊走邊巡視。

案例　改進呆廢料的實例分析

1. 呆料

(1)呆料處理現況與缺失

目前公司對呆料的確認未有任何客觀標準,僅由物料庫管理人員依其經驗判斷物料是否為呆料,報經有關主管(依物料之使用單位)核定,再轉送業務部門,將呆料拍賣。其最大缺點為用料單位對呆料的意義不瞭解,無法判斷物料是否為呆料,因此,只要物料庫一提出呆料名單,用料單位幾乎全部同意其為呆料。

(2)呆料處理的改進辦法

為改進上述缺點,擬將呆料的認定與處理流程改進如下:

①年終盤點時查看存量卡,算出上次領料到盤點日的時間。

②凡物料(非屯積以應付漲價之物料)在 8 個月未曾需用者,一律將此物料登記於呆料報告卡(此工作由庫房人員負責)。

③企劃人員依呆料報告卡追查呆料原因,確定是否為呆料。

④確定為呆料後交由業務部門拍賣。

⑤業務部門處理後將其資料送會計部門。

⑥其作業流程圖 11-4-1 如下:

2. 廢料

(1)廢料之處理現況與缺失

公司目前處理的流程如下:

①廢料產生單位(物料庫或生產單位)填寫廢料卡,一式兩份。

②經廢料產生單位主管(課長以上)之核定。

③將核定後的物料送至業務部門，由業務部門拍賣（有價值者），或銷毀（無價值者）。

圖 11-4-1　呆廢料處理作業流程

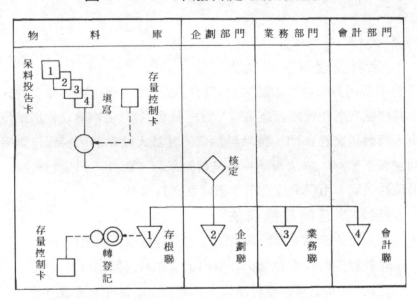

④呆料報告卡：

表 11-4-1　呆料報告卡

頁數 ＿＿＿＿＿　　　＿＿＿＿＿庫填寫　　　填卡日期＿＿年__月__日

物料編號	規格	名額	數量	單位	單價	金額	發生原因	審核結果	備註

企劃經理：　　　　　　企劃員：　　　　　　填表人：

(2)廢料處理的改進辦法

將上述方法改進如下：

①由廢料產生單位，填寫廢料卡一式三份。

②經廢料產生單位主管(課長以上)核定。

③將核定後的單據送經企劃處，由企劃處審核。

④企劃處審核後，再將廢料送至業務部門處理。

⑤其作業流程圖如下：

圖 11-4-2　作業流程圖(改進)

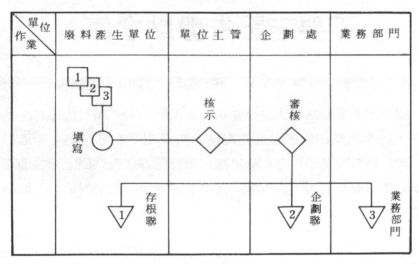

⑥其所用單據如下：

表 11-4-2　廢料報告單

填表單位：_____　單據號碼：_____　填表日期：___年__月__日

廢　　　料		數量單位	原購買之單據	發生原因	備註
名稱	編號				

步驟 十二

不要忘記去盤點倉庫

　　很多生產企業的倉庫中都會存有大量的呆貨、呆料、廢料、舊料等，生產企業如何確定這些物料的數量呢？在日常的生產過程中，所有物料的進出均有相關單據、帳冊記錄。但實際上，帳面庫存與實際庫存有出入，倉庫盤點就成了發現呆料和廢料的一個關鍵環節。

1 倉庫盤點的措施

　　帳面盤點是指出庫、入庫的數量金額記錄在帳面上加以統計計算，求出帳面上的庫存額；而實地盤點是指實際調查倉庫的庫存數，計算出庫存額。

　　企業進行倉庫盤點，有以下幾種：

1.定期盤點

定期盤點是指選定一個特定日期,關閉倉庫,所有員工在最短時間內清點所有物料。很多企業都規定一定的期限(如 3 個月或 6 個月)進行一次盤點。這時,倉庫中所有的物料都要同時做盤點。同時盤點是把所有的物品一起盤點。這時,必須停止出入庫、轉移等物流活動,為了不影響正常的生產,企業應儘量利用假日加班做盤點。

2.循環盤點

循環盤點又稱為週期盤點,是對物料進行循環週期的盤點以代替每次的季盤點的一種盤點方式。根據 ABC 分類管理方法區別對待 A、B、C 不同類型的物料,規定不同的盤點間隔期和允許盤點誤差,進行輪番盤點。

表 12-1-1 某公司 ABC 類物料的循環盤點比較

物料類型	品種數佔總品種數的比例(%)	價值佔總價值的比例(%)	盤點間隔期	允許盤點誤差(%)
A	10～20	60～80	每月一次	±1
B	15～30	15～30	每季一次	±2
C	60～80	10～20	半年一次	±3

循環盤點的好處是可以在不中斷生產的情況下進行盤點。為了保證盤點準確,定置管理是一個先決條件,倉庫、貨位、批號、容器或託盤同物料的關係都必須明確定義。循環盤點的一個重要目的是發現問題、糾正錯誤。

通過循環盤點,找出產生差錯的原因,改善和健全庫存管理制度,嚴格遵循生產流程,可以避免出現誤差。

3.複合盤點

複合盤點是指綜合定期盤點和循環盤點兩種方法而進行的倉庫盤點方式。

盤點就是為了達到有料必有賬、有賬必有料、料賬要一致的目的。所以，企業平時在倉儲時可以對物料進行平面及立體佈置規劃，方便物料的管理，也方便盤點，可以節省大量的時間、空間及管理成本。

2 倉庫實地盤點的掌握要點

企業的生產活動中，物料(品)的出入庫，都有相關單據、帳冊記錄來管理，但實際調查現物時，會出現和帳冊有所出入，就存在兩種庫存——「帳面庫存」和「實際庫存」。這就需要做盤點。

物品盤點是為確定倉庫內或其他場所內所現存物品的實際數量，而對物品的現存數量加以清點，並核對帳面數。通過盤點可以發現庫存物品數量上的溢餘、短缺、規格互串等問題，以便及時查找並分析原因，採取措施挽回或減少損失。

倉庫實地盤點大多進行中間結算和期末結算兩次結算。在實際業務方面，不一定按中間結算日和期末結算日進行實地盤點，只要在適當的時候進行實地盤點，並在當時當地核對賬簿(庫存總賬等)並作修正，結算日就是用賬簿作盤點。

實地盤點是在結算時，為了確定公司資產而進行的，所以不持續記賬的公司，在結算日不進行實地盤點，只確定餘額。

也沒必要一齊進行實地盤點，可以循环盤點，按照順序、場地進行，使工作量平穩化。正確的盤點，大多是全體員工一起在臨近結算日的休息日進行。在休息日進行是為了防止物料出入庫等的變動，正確地把握庫存情況。

如果日常能正確地記錄庫存總賬，實地盤點數和賬簿上的數字應該完全相同，但在實際業務上是相當混亂的。根據混亂的程度就能知道此公司的管理水準如何了。

使用電腦系統時也要徹底地調查以手工計算的庫存總賬餘額和實地盤點不相符的原因，應先將庫存相關業務標準化。認為導入了電腦就能相符了，這是沒有的事，充其量只是減少了計算錯誤的程度。

要點一：進行庫存場地的整理和整頓

在進行實地盤點之前，為了更容易進行盤點，要使倉庫內部和現場的在製品放置場地整潔。經過現場出庫的原材料等一定要歸到原材料倉庫，已完成了但仍放在現場的產品一定要放入產品倉庫。

要點二：區分例外物料

明確作為積壓品處理的物料，請在上面粘貼表示廢棄品成為賬簿以外物品的現貨表。應該在實地盤點之前儘早進行積壓品的廢棄處理。在期末進行處理的話，有被看作利益操作的危險性。

客戶退回的不合格品、公司內部檢查認定的不合格品，只能評判為次等品，應該在現貨表中表示出來。

批發商繳納的物品和沒完成驗收的未驗收品、客戶無償贈送的原材料或零件，甚至是已銷售給顧客而成為保存品的物品等等，都不是本公司的財產，這些也應該寫在現貨表中。

要點三：按不同的盤點區確定盤點人員

在實地盤點之前，將公司員工分成幾個組，再進一步將各組分到幾個盤點區。請明確定下盤點區，並在盤點負責區之間不要留有空白。盤點區的分界線經常成為盤點遺漏的問題。

按不同的盤點區確定盤點人員，二人一組，日常工作人員以外的人員介入能形成內部牽制。除了盤點人員以外，還應確定盤點負責人(管理人員)。

另外，在全公司應確定一名盤點監督人員(一般是間接部門的管理人員)。

要點四：進行實地盤點、並記錄盤點票

實地盤點當天，從開頭按順序將負責區放置的物料全部進行無遺漏的盤點。工作人員二人一組，一人數物料，另一人記錄存貨存根。一定要做雙重檢查。

實地盤點的最後，在盤點票的每一頁記錄物料編號、物料名稱、批號、數量，並貼在物料上。所負責場所的盤點全部結束後(所有的物料上都貼上了盤點票以後)，請每組的盤點負責人進行檢查，如果沒問題就收回盤點票。

在盤點票上預先印上連續編號、檢查不要漏了收回。當然，寫錯的也必須留下來。盤點票由小組盤點負責人收集。

盤點監督人監督是否按盤點規定實施的。如果有不按規定進行盤點的小組或者負責區必須命令其返工。

要點五：裝運中的庫存、寄存庫存的管理

商品、產品中經常成問題的是裝運品。「我方已賣出出貨了，但仍在運送途中」或者「客戶還未驗收」，這些都是造成與客戶的賒欠款錯誤計算的原因，按照現貨的出貨標準，從銷售時的立場來看這

確實不是庫存。

　本公司內的公司、營業所、工廠之間的裝運品是十足的庫存。在實地盤點時，有必要明確掌握什麼物料成了裝運品。

　在外購點或者營業倉庫寄存的物料也是庫存，可以暫且向對方要求發出庫存保管證明書，以代替實地盤點。但是，從公司去作現貨確認更安全。不看現貨，就不知道那個物料是什麼狀況。也許是必須廢棄的東西，或者是次等品。

　要點六：盤點金額

　將盤點票一張張輸入個人電腦，求賬簿與存貨盤點的差異以及盤點金額。這種程度的個人電腦使用方法都是要掌握的。當然，導入了電腦的公司做這種計算是很簡單的。

　有人問這樣的問題：「實地盤點後，應該修改餘額嗎？或者就照它這樣呢？」

　回答是：「因為實地盤點核查了正確的資料，要進行修改。如果修正為不足 50 個，下次實地盤點中必定會成了 50 個剩餘。」

　實地盤點如果不能有這樣的信用就是大問題了。

　把它作為庫存數字不相符的理由，這種實地盤點的混亂程度就很大了。

　實地盤點在這裏要補充幾點：

　⑴要將負責區的全部物料進行盤點。不能按每個編號進行盤點。

　⑵不能事先告訴實地盤點人員賬簿庫存數，告訴的話就會盤點成那個數字。

　⑶各組盤點負責人在工作人員進行盤點後，在物料上貼盤點票時，應進行核查盤點。抽查出的不正確盤點請下令返工。

　⑷各組負責人請確認每個工作人員的負責區沒有盤點遺漏。

⑸在盤點票上要印上起始連貫的號碼，回收盤點票時，請檢查是否全部收回了，包括寫錯的。

⑹盤點人員須耐心負責、認真、仔細，切實進行盤點各項工作，清查呆料與廢料並及時登記盤點表。

⑺盤點人員在盤點作業中須對物資輕拿輕放，切實保證物資的安全。

3 倉庫盤點之實施步驟

1. 準備工作

⑴進度計劃：盤點前需事先擬訂日程，分配盤點工作人員擬定計劃進度。

⑵組織人員：工作人員包括會計部門監盤人員，管制部門監盤人員，儲存部門管料人員與搬運人員。若實行定期盤點制，所需的大量人員須事先加以組織訓練。

⑶在盤點前所有紀錄均應登記清楚，所有賬目均需先結清。倉庫方面應將未處理完的驗收手續辦妥，應配送的物料，須悉數送出，清出倉庫內不必要的雜物，檢查度量衡器。

若為生產現場（線）之盤點，則生產現場（線）需將規格不符的物料、超發（領）的物料、呆廢料、不良半成品退回庫房後再盤點。一般生產事業的盤點對於生產現場（線）的盤點頗不重視，經常以估計的方法來推算出物料數量，此方法不適用於直接物料頗為複雜的工廠，因為估算出來的值差額可能甚大，因此此類工廠生產現場（線）

在盤點時，須將其視為分倉庫，並確實盤點之。

2.盤點應遵守的原則

⑴徹底清點。

⑵確實清點。

⑶迅速完成清點工作。

⑷工作人員勿使過於疲勞。

⑸各方面需配合。

3.盤點結果應填制下列報告

⑴物料實地盤點量與賬面或物料卡不符者，應行填制「差額報告表」。

⑵超過預定週期(見呆料之確定標準)未曾收發者，應填制「呆料報告單」。

⑶若物料品質發生變異時，應填制「廢料報告表」。

⑷規格、編號、單位有差誤者，應列表指明錯誤之處。

4.盤點盈虧的原因

⑴記賬時看錯數字。　　⑵運送過程發生損耗。

⑶盤點計數錯誤。　　　⑷自然性之揮發及吸潮。

⑸碰損報廢及因氣候影響發生腐蝕、硬化、生銹、生黴及變質等。

⑹容器破損而流失。　　⑺單據遺失，收發料未過賬。

⑻捆紮包裝錯誤。　　　⑼度量器欠準確，或使用方法錯誤。

5.物料盈虧原因之追查收料賬處理

盤點後，若發現某項物料有盈虧情況應進一步追查其原因，依其發生原因追查各部門應負擔的責任。若已查明原因則分析此原因是否可避免：

$$\begin{cases} \text{不可避免之原因——應免議處} \\ \text{可避免之原因} \begin{cases} \text{可諒恕——酌予議處} \\ \text{不可諒恕} \begin{cases} 1.\text{議處並追賠} \\ 2.\text{議處並追究刑責與追賠} \end{cases} \end{cases} \end{cases}$$

　　物料除了數量會盈虧外，有些物料（如酒）其數量（金額）可能有所增減，這些變遷經審核手續後，在物料賬目均需加以調整。對於已確認的呆廢料，盤點人員須及時通知相關部門或人員進行處理。

圖 12-3-1　物料盤點

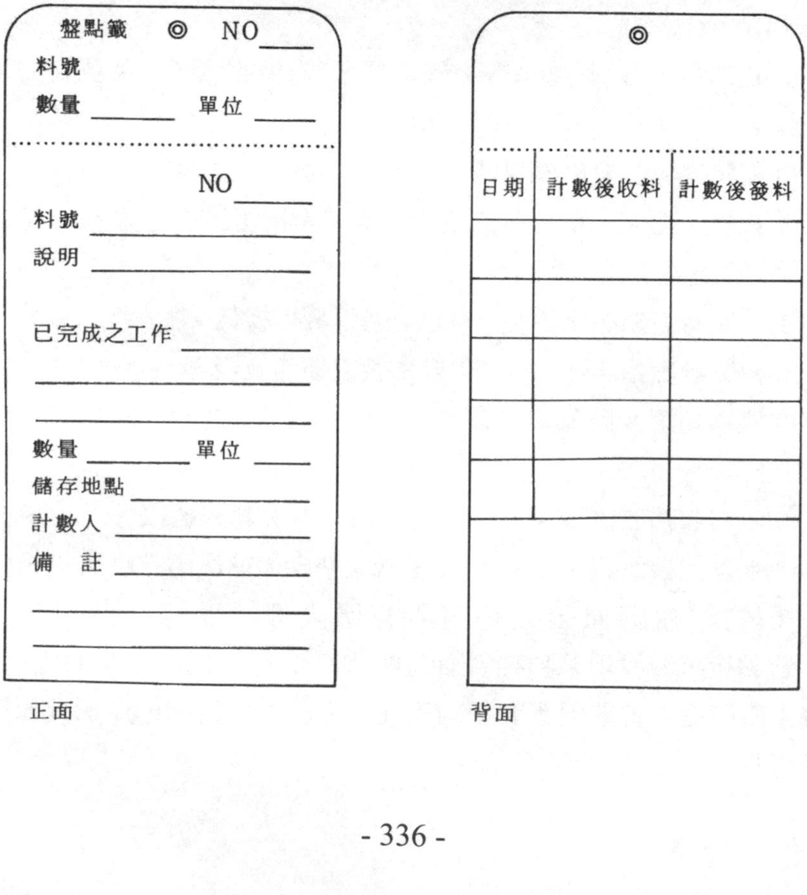

正面　　　　　　　　　　　　　　　　背面

表 12-3-1　物料盤點報告表（一）

倉庫盤點報告表						區				
記數			覆核			調整				
物	料	料架簽	賬面原	補正	賬面	實存	爭盈	單價	補正實	實際盈
編號	規範	數　量	存　數	記錄	爭數	數量	虧數		盤金額	虧金額

表 12-3-2　物料盤點報告表（二）

分類					年　月　日盤點			類　頁　總頁			
卡片	倉	位			物料編號	名稱	規範	單位	數量	單價	金額	備考
號碼	庫	行列	架	層								

4 庫存盤點不準確的對策

1.診斷盤點症狀

⑴廢棄庫存品數量多得出奇。

⑵現存庫存備品備件數量少。

⑶倉庫裏長期備貨的部件沒貨。

⑷為其他公司或個體用戶保管或監管的庫存物品被記為期末庫存的一部份。

2.盤點不正確原因

⑴工作人員欠缺實際經驗。

⑵缺乏庫存盤點業務培訓。

⑶庫存品標記程序及規定不完善。

⑷缺乏稱職的專業人員。

⑸條碼編制或數據錄入有誤。

⑹電腦管控程序設定值有誤。

⑺會計記賬方式不對。

⑻計算錯誤。

3.修補措施

應該安排有經驗和良好職業操守的專業人員對倉庫庫存品的各類單據的準確性進行全面核實。

同時另請一位僱員對單據和實際庫存品數進行重覆核對。發現錯誤,即刻更正。

⑴建立完善的庫存盤點和分類 RFID 條碼體系程序及規章制度。

⑵安排熟悉生產流程和所用原材料性質的專業人員盤點庫存。

⑶對全部主要庫存品的數量進行百分比抽樣實物核查；對低值庫存品實施小百分比抽樣實物核對。

⑷對委託存放在第三方物流倉庫的物品進行帳面記錄和實物核查。

⑸如果經核查發現不符點，則採取相應補救或改正措施。

⑹對託管在第三方物流倉庫的物品在庫存台賬上做標記，並標明該倉庫地址。

⑺若條件允許，建立並採用供應商管理庫存系統(VMI)，對庫存品進行即時管控。

⑻對同類別的倉儲物品進行集約管理，提高庫存統計的準確性。

4.預防手段

若期末庫存數目不準確則直接影響公司其他經營數據的準確性，其中包括利潤率、資產負債表、應付稅收、流動比率以及流動資金數據。

⑴建立庫存管理規章制度，明確庫存管理在公司治理中的重要地位，以及庫存管理不善給公司治理帶來的嚴重溢出效應，同時建立庫存管理崗位培訓機制。

⑵設立庫存管理協調經理崗位，明確描述其崗位職責；協調經理應具備如下實際工作經驗：制定庫存管理規章制度、規劃庫存管理流程、期末庫存盤點技巧。

⑶核查期末庫存餘額，核對入庫物品件數準確性，評估倉管人員定期盤點工作績效，監控庫存實際數量，確認誤差。

⑷使用統一格式的倉管單據，填寫倉儲物品在庫清單，製作各

類倉儲物品標籤或 RFID 條形編碼；期末盤點時，對遺失庫存品須做標籤，並由主管倉庫管理人員簽字。

⑸庫存品標籤內容塗改，視為失效，並標註「失效」字樣，同時製作新標籤並將失效標籤移交給庫存協調經理備案；對所有倉單或票據進行編號，期末時對所有倉單或票據進行稽核，對高價值庫存品進行覆核。

⑹確保相關工作人員明確倉庫管理規章制度，對期末盤點出現的庫存餘額的偏差進行覆核。

⑺嚴格實施庫存盤點監督管理，未經庫存協調經理許可，不得對任何特殊要求做出回應；在期末庫存盤點期間，確保對倉儲移位的庫存品進行準確清點，避免重覆計算；，未經倉庫存放區督管經理的許可，任何庫存品不得隨意移位。

⑻對倉庫裏使用的各類計量器具定期核准，並粘貼量器校準標籤。

案例　電子工廠的盤點案例

1.平時盤點

平時公司物料庫人員得不定期抽檢物料以核其實物與賬卡有無確實，作成記錄，通知會計部門與企劃部門，依報告追查差異原因，與擬定補救辦法，會計部門依此報告調整賬卡。

2.年終盤點

(1)由會計部門，企劃部門派人組成盤點單位。

(2)總庫管制之物料由總庫會同監盤單位、盤點。

(3)分庫管制之物料由總庫會同監盤單位、盤點。

(4)每屆年終由監盤單位排定日程，填寫通知單給庫房。

(5)庫房填寫盤點單一式三聯。

(6)盤點完畢將盤點單分送企劃，會計部門，企劃部門依盤點單追查差異原因，會計依此單據入賬。

(7)其所用之盤點單如下：

表 12-4-1　物料盤點單

頁數：　　　　　填表時間：　　年　月　日　　填表人：

物料編號	名額	倉位號碼	單位	實盤數量	差異數量	單價	金額	差異原因	備註

(8)其作業程序圖如下：

圖 12-4-1　作業流程圖

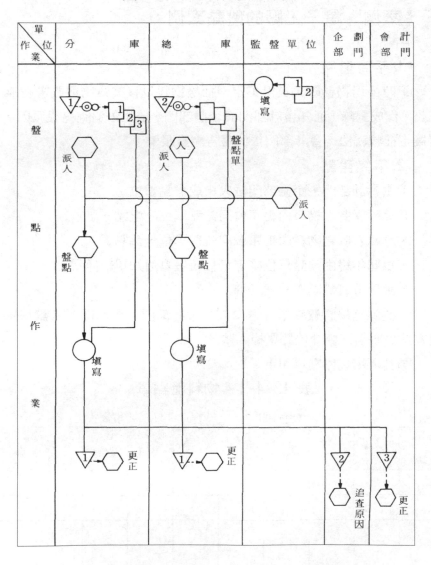

3.盤點現況

經過實際盤點後，盤點人員發現盤點結果如下：

⑴盤點工作由財物課、物管課，組織清點小組會同清點。

⑵盤點時間：

①成品及主料每月一次。

②副料每三個月一次。

③零配件、工具每半年一次。

⑶盤點方法採連續盤點制之分類巡　盤點法。

⑷盤點後，應編製「物料清點盈虧報告表」。

⑸若有盈虧，則需查明原因，並依規定處理盈虧之調整。

4.盤點現況缺點

⑴盤點工作過於頻繁，盤點小組之人員無法抽出足夠時間來參與工作，因此盤點工作往往由管料之人員親自清點，失去盤點之客觀立場。

⑵清點小組沒有品管人員。

5.改進盤點辦法

⑴本廠儲存物料之盤點分為二類：

①年度結束盤點，每月末依抽樣方法，抽出數種物料進行盤點。

②月末之抽樣盤點，每月末依抽樣方法，抽出數種物料，進行盤點。

⑵各類物料之抽點方法：

①重要管制物品，全數清點。

②原料、成品：抽 40%，若清點結果有短缺情況，則全數清點其餘之 60%。

③副料、零配件：抽 20%，若清點結果有短缺情況，則再抽點

其餘 80%中之 50%，若再有短缺則全數清點其餘未清點項目。

④其他物料：僅作年度盤點。

⑶盤點由物管課主持，財務課與品管課派員監盤，共組成盤點小組。

⑷盤點前需先將存量控制卡與庫房之料賬之收入發出與結存欄詳為核對，確保無誤。

⑸盤點時，有關物料之品質問題由監盤單位之品管課負責。

⑹執行盤點前，對使用量具應確實檢查確保準確無誤。

⑺盤點應按物料之類別依次進行。

⑻盤點之作業程序應依據下述之流程圖與程序說明辦理之。

⑼流程說明：

①存管組依據存量控制卡填寫清單明細表送至庫房。

②庫房依據料賬核對數量，並打電話通知盤點單位。品管課與財務課派人參加盤點。

③庫房人員會同監盤單位人員盤點物料。並將實際數量填寫於盤點單上。

④若清點發現差異，主辦人員填寫調整報告送經廠長核示。

⑤經總經理核準後，將盤點明細表與調整報告表之第 1、2、3 聯依序分送存管組，庫房，財務課。

步驟 十三

要檢討庫存管理績效

1 庫存品的定期檢驗

1. 庫存物品定期檢驗的週期

凡庫存期限超過一定時間的物品，必須按規定頻次進行一次品質檢驗，以確保被存貯物品品質良好，這就是庫存物品的定期檢驗。定期到底定多少，需要根據物品的特性具體規定，例如：

⑴油脂、液體類物品，定檢期為 6 個月；

⑵危險性特殊類物品，定檢期為 3 個月；

⑶易變質、生銹的物品，定檢期為 4 個月；

⑷有效期限短的物品，定檢期為 3 個月；

⑸其他普通的物品，定檢期為 12 個月；

⑹長期貯備的物品，定檢期為 24 個月。

2. 庫存物品定期檢驗的方法

一般情況下，庫存物品定期檢驗的方法與進料檢驗的方法相類

似，由 IQC 按抽樣的方法進行。

圖 13-1-1 庫存物品定期檢驗的實施步驟

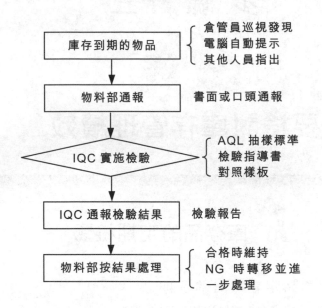

圖 13-1-2 定檢 NG 品的處理步驟

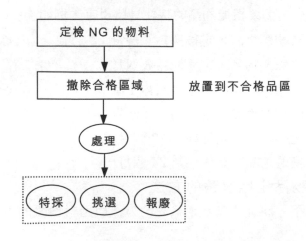

3.庫存物品定期檢驗結果的處理方法

對庫存物品定期檢驗結果的處理應以 IQC 的檢驗報告為依據進行。合格時可以維持現狀、不動，不合格時則需要按下列步驟處理。

4.呆廢料處理控制

為儘快處理呆廢料，減少其佔用倉庫空間而提高庫存成本、提高工作效率，公司應制定明確的呆廢料處理流程和處理方式。處理結果應報財務部審計，並進行賬務調整。

2 倉儲管理的診斷調查表

表 13-2-1　倉儲管理的診斷調查表

項目	題目 (提問點及症狀)	答題方式	給分標準	答案 答題	得分
1.組織 架構	有無文件化職責管理規範和架構圖	A.有，且與實際相符 B.有，且與實際不符 C.無	A＝3 B＝1 C＝0		
2.標識	⑴有無倉庫平面示意圖	A.有 B.無	A＝3 B＝0		
	⑵有無儲工分區規劃（合格區、不合格區、待檢區等）	A.合格品區 B.不合格品區 C.待檢區 D.特採	每有一項 加1分		

續表

2.標識	(3)物品所處狀態是否標明且放置於所屬儲區	A.全部是 B.大部份 C.少部份 D.無	A＝3 B＝2 C＝1 D＝0		
	(4)有無分區的物品狀態（待檢、合格、不合格、特採）標識	A.全部有 B.大部份有 C.少部份有 D.無	A＝3 B＝2 C＝1 D＝0		
	(5)有無使用 MRP、ERP 或其他庫存軟體	A.有 B.無	A＝3 B＝0		
3.搬運	(1)公司有無制定有關物料在進料、制程及成品運送時的搬運管制流程和規範	A.有 B.無	A＝3 B＝0		
	(2)公司有無提供正確的棧板、容器或搬運工具，搬運路線及載高載重限制，以防止物料在搬運過程中因震動、衝擊、摩擦、重壓及溫度等狀況所引起的損壞	A.有 B.無	A＝3 B＝0		
4.儲存	(1)公司有無制定材料及產品的儲存管制流程和規範	A.有 B.無	A＝3 B＝0		
	(2)有無防火安全設施	A.消防栓 B.滅火器 C.安全燈 D.其他	每項加1分		

	(3)是否提供安全儲存條件和設施以防止物料及產品變質	A.防高溫(需要否，有無) B.防化學腐蝕(需要否,有無) C.防潮濕(需要否,有無) D.防光照 E.其他	需要且有加1分需要，無的扣1分，其餘為0分	
4.儲存	(4)有無制定物料收發管制辦法，以明定物料領用、入庫、退庫等核決權責	A.有 B.無	A＝3 B＝0	
	(5)對呆廢料有無制定相應的措施以及時處理	A.有 B.有措施無執行 C.無	A＝3 B＝1 C＝0	
	(6)有無具體措施以保證物料發放執行先進先出流程	A.是 B.否	A＝3 B＝0	
	(7)對有儲存壽命的材料及產品，是否明確規定儲存期限	A.是 B.否	A＝3 B＝0	
	(8)物料擺放是否井然有序	A.是 B.否	A＝2 B＝0	
5.檢驗	(1)是否定期對庫存材料及產品進行覆檢	A.是 B.否	A＝2 B＝0	
	(2)對過期材料有無鑑定處置流程	A.有 B.無	A＝3 B＝0	
6.盤點	(1)公司是否定期盤點	A.是 B.否	A＝2 B＝0	
	(2)對盤盈、盤虧有無相應處理措施	A.有 B.無	A＝2 B＝0	

續表

6.盤點	(3)物料賬、物、卡是否一致	A.全部是 B.大部份是 C.少部份一致	A＝2 B＝1 C＝0		
	(4)盤點賬目準確率（賬實、賬賬相符）	A.99.9%以上 B.99%~99.9% C.95%~99% D.95%以下	A＝3 B＝2 C＝1 D＝0		
	(5)調賬審批權有無規定	A.有 B.無	A＝3 B＝0		
7.包裝	包裝的標識（鑑別用）是否明確規定	A.危險品標識（需要否，有無） B.防雨標識（需要否，有無） C.防震標識（需要否，有無） D.放置方向標識（需要否，有無） E.產品名稱、型號 F.件數 G.重量 H.公司名稱	A～D 需要且有加 1分，需要而無扣 1分，E～H 每有一項加1分		
8.領料、發料	(1)是否嚴格按生產作業計劃發料	A.是 B.否	A＝3 B＝0		
	(2)對超領物料有無嚴格的審批流程	A.有 B.無	A＝3 B＝0		
9.「5S」管理	(1)貴公司庫區有無推行「5S」管理活動	A.有 B.無	A＝3 B＝0		
	(2)有無設定「5S」責任區	A.是 B.無	A＝3 B＝0		
	(3)是否定期對「5S」活動進行檢查	A.是 B.無	A＝3 B＝0		
10.電腦化	(1)倉儲管理是否已實現電腦化管理	A.是 B.否	A＝3 B＝0		

表 13-2-2　倉儲管理指標

指標	說明
進出貨作業效率評價指標	包括月台利用率、月台高峰率、人員負擔和時間耗用
儲存作業評價指標	包括設施空間利用率、庫存週轉率和廢品率
訂單處理作業評價指標	包括訂單延遲率、訂單貨件延遲率和緊急訂單回應率
備貨作業效率評價指標	包括人均作業能力、批量備貨時間和差錯率
裝卸搬運效率的評價指標	包括搬運裝備利用率、存儲空間利用率以及移動或作業比率
服務品質評價指標	包括服務水準、滿足程度、交貨水準、交貨期、品質和商品完好率
倉儲經營管理綜合指標	包括倉庫生產率、人員作業能力、固定資產週轉率以及產出與投入平衡率

3 運用 MRP／ERP 檢討庫存量

A 公司是生產電子產品的公司，產品特點是品種多、批量大，在沒有應用電腦管理系統之前，管理工作十分繁雜，管理人員經常加班仍不能滿足企業的要求。

(1)在沒有使用電腦管理之前，PMC 部每次制定生產計劃都要人工計算生產用料單，花費大量的時間清查現有庫存，計算缺料等。

(2)材料品種多,入庫、出庫、調撥的頻繁操作也使得倉庫的管理工作量十分大,人工誤差導致庫存數量的不準確也影響到生產發料。

(3)停工待料現象經常發生,因而也影響到生產交貨不及時。

(4)供應商的交貨信息、客戶的發貨情況不能及時回饋到財務部門。

(5)各個部門各自為政,信息流通滯後,嚴重影響經營決策,整個企業的管理比較雜亂。

公司實施 ERP/MRP 管理系統之後,PMC 部制定一個生產計劃,由原來的 2 天變為十幾秒鐘,自動生成的生產發料單又快又準,材料倉的進貨可在第一時間自動補充生產缺料也使得生產能及時順利進行,管理人員再也不用為制定生產計劃而忙得團團轉,生產狀況得到了極大的改善。

庫存管理體系建立後,加強了重點物料的管理,透過對庫存超儲、積壓處理等功能的實施,減少了庫存的積壓,有效控制了庫存資金的佔用。公司內多個庫房準確的動態庫存數據隨時為生產計劃提供有效的信息。

企業的銷售、採購、客戶、供應商、應收、應付信息緊密聯繫在一起,透過採購訂單自動生成的入庫單入庫後,入庫信息即時回饋到採購部門和財務部門,透過銷售訂單自動生成的發貨單發貨後,發貨信息即時回饋到銷售部門和財務部門,有效地改善了原來信息嚴重滯後的情況,大大減輕了財務人員的工作負擔,提高了工作效率。

透過基礎工程數據的實施,使整個公司原來各部門分別組織數據、部門各自為政、相互獨立的情況得到了全面的改善,企業的數

據統一組織和管理，不再受部門分工界限的限制，達到了企業信息管理的規範化和標準化，信息的高度集成使企業的管理面目煥然一新。

企業的銷售、供應、生產計劃與庫存各個系統協同運行，透過實施物料需求計劃功能，銷售計劃指導主生產計劃，根據產品定額產生物料需求計劃，對庫存數據、採購合約進行平衡計算後，產生物料採購清單，有效地縮短了計劃的編制週期，提高了物料採購的計劃性、準確性。完全解決了生產缺料和庫存物料積壓過多這兩個方面的矛盾，也消除了生產線停工待料的現象。

利用系統內品質監測數據檔案，對原材料、半成品、成品等進行相關的品質分析，主管人員利用品質分析結果，找出影響品質的原因，提出短期或中期的品質改進措施，大大提高了產品的品質。

所有生產、經營信息的即時傳送，使企業的決策層能隨時掌握企業各方面的最新數據，系統很好地為經營決策提供有力的支援。

透過 ERP/MRP 的實施，提高了生產計劃的準確性和成本核算的可靠性，降低了物料儲備和物料消耗，減少了在製品數量，縮短了生產週期；降低了儲備資金、生產資金、成品資金及其他資金的佔用，節約了流動資金，降低了生產成本，加速了流動資金的週轉，提高了單台產品的利潤。

系統實施後，極大的提高了管理人員的工作效率。產品品質的提高贏得了客戶的好評，大大提高了產品的市場佔有率，取得了好的效益。

4 撰寫好年度倉儲管理總結

倉庫主管在進行倉庫年度工作總結時，要總結以下要點：

(1)倉庫工作管理總結

①倉庫管理工作，取得了那些成績，有那些需要改進的地方，改進的方法是什麼。

②倉庫管理工作中，存在那些不足的地方。

③倉庫管理難點，其存在的原因。

④倉庫管理中是否存在一些盲點，具體有那些。

⑤倉庫人員的溝通分析及改進措施。

⑥倉庫為客戶提供的服務分析是否及時、準確、品質高。

(2)存在的問題

對以上存在的問題進行細化分析，並提出改進方法。

(3)確定下一步工作計畫

依據年度總結，並結合實際情況，對下一年度的工作目標、計畫以及方法進行整體的規劃。

［範例］ H 公司倉庫主管年終總結

本年度，在公司上級的正確指揮、各部門的積極協助配合下，倉庫的各項工作始終圍繞著庫存貨物安全、庫存資料準確、作業

標準規範化、運營配送高效率、熱情服務高品質的目標開展工作，但也有一些不足有待改進。

一、本年度倉庫工作成績

1. 建立崗位責任制，工作流程化、標準化

⑴本部門首先建立健全了各崗位工作職責，規範了各項業務流轉程式。貨物的收、發、存管理工作，伴隨著崗位責任制的貫徹落實，得到了全面提升。對倉庫歷史遺留的呆滯貨物、殘次品、報廢貨物、返廠貨物進行了徹底清理，並建立了相應的殘次品庫，為今後此項工作的順利開展奠定了基礎。現在日常管理中的所收、發貨物（含退貨入庫）資料準確率達98%以上。

⑵結合公司經營，改善了庫存資料的執行標準。

⑶對庫區進行改造：倉庫照明電路改造後為公司降低了能源消耗，節約了成本；倉庫設備也進行了改造，從而消除了設備運行過程中貨物吊籃滑輪跑偏，庫區消防設施的配套落實，為庫區防火能力的提高奠定了基礎：對庫區暖氣、環衛系統的改造，進一步改善了公司辦公環境；倉庫分區、貨物分類、使用台賬、標誌建設的完成，標誌著倉儲管理標準化的全面啟動。

⑷倉庫現場管理實施5S標準，徹底杜絕了過去那種不用的雜物，包裝材料、使用工具及廢損包裝物隨處可見，雜亂無章的現象。對貨物堆碼、分揀拆包包裝物的損耗，也隨著整頓、整理、清潔、清掃、素養的學習開展成為歷史。

2. 建立了各崗位詳細的績效考核標準

針對前期貨物出庫配送效率不高的情況，對作業流程中的每個環節、崗位進行了認真的跟蹤調查，結合實際情況，規定各崗位詳細的績效考核標準，並嚴格加以檢查、實施。

進出貨物裝卸車及時，基本無壓車現象，作業開始時間都能在核定的 15 分鐘以內實施；進出貨物嚴格遵循先進先出原則，進行辦理出庫發貨，並按輕重緩急分揀貨物，時間消耗都在 45 分鐘以內；加強配送車輛管理的同時，還對各配送車輛的油料消耗進行了核算，制定出了單車油料考核標準加以實施。倉庫貨物碼放整齊、橫豎成行，並按分類、規格型號擺放，編號與貨位基本保持一致。各項作業完畢，能及時清理工具、包裝物。工完料盡場地清的意識已經深入人心，並貫穿於整個倉儲管理作業過程中。

3.與各部門的積極配合方面

在嚴格遵循公司的相關制度及作業流程的同時，積極配合採購部完成貨物進庫驗收工作，及時處理貨物及包裝破損問題；積極配合財務部對庫存資料進行修整，保證了庫存貨物原始資料的準確性、真實性；積極配合銷售和門市，在規定的時間內，保質、保量地完成貨物出庫的分揀、複檢、包裝、配送作業任務，服務滿意基本無投訴；特別是在貨物裝卸量大，缺少裝卸工，人員相對緊張的情況下，全體員工充分發揮積極主動性，在其他部門、同事的大力支持下，圓滿完成了裝卸任務。

4.員工態度的轉度

工作的進步、素質的提高、能力的發揮、所有成績的獲得，都取決於態度的轉變。針對倉庫員工知識結構低、缺乏倉儲管理專業技能等情況，充分利用公司抓管理、促發展的契機，結合公司運營的實際情況，員工認真學習專業知識、職業技能，進行素質、技能等培訓。從被動工作、缺乏活力到積極主動、精誠團結、熱情奉獻，倉庫的精神面貌，工作態度都有了質的飛躍。有效的溝通，熱情的服務也使得倉庫同事、部門間協調能力都得到了加

強。

二、倉庫管理中存在的問題

倉庫工作也存在許多問題，接收貨過程中的數量短缺、貨物損壞，包裝破損；出庫配送過程中的串貨錯發、交接不明、貨物丟失；保管貨過程中的編號不符，防範不嚴，資料不實等都有錯誤發生。貨物堆碼不標準，進貨計劃性不強，導致的庫存貨物積壓、呆滯現象；庫容存量超標壓力；賬賬、賬物對應資料不符；作業流程的不暢；部門協調不力；執行力低下等問題。

1. 出現的問題

XXXX 年存在的主要問題如下。

⑴因裝卸工的缺少，造成倉庫管理員的崗位職責劃分不明確，再加上工作態度上的被動性，從而導致責任心不強，所以出現問題較多。如接收貨中的數量短缺、串貨錯發、貨物丟失、裝卸貨物不及時，以及配送延誤等。

⑵倉庫管理中出現的部分問題都是因在制度執行中未按規範及標準操作，用傳統習慣方法取代科學計畫而發生的。例如，票據的流程管理，安全庫存的合理性，採購進貨的審批，調貨價格的審查，盲目購進造成的庫存積壓、庫容存量超標壓力等問題。

⑶部門、崗位間協作介面部位的責任共性，引發的失誤和錯誤：進貨的驗收由採購部協助倉庫共同完成，對發生的數量、包裝規格錯誤；貨物出庫過程中倉庫管理員與點貨員串貨錯發產生的錯誤，相關責任難於具體化，增加了管理成本和工作難度。

2. 對問題的改善措施

未來倉庫管理工作的任務是艱巨的，許多工作有待加強、落實。對當前出現的問題和錯誤，首先應當加強認識，承擔責任的

勇氣，培養敬業精神，層層落實崗位職責，規章制度面前人人平等，獎罰分明；繼續加強素質培訓和進行有效溝通，引導；繼續加強專業知識、產品知識，職業技能的學習培訓，避免工作失誤及問題的出現，提高服務品質。然而，所有學習、工作的重點都取決於行動的落實，如何培養創新的落實意識，如何打造高效落實的團隊，如何創建良好的執行文化，如何管理好時間促落實，如何為落實制定制度保障，並掌握有效落實的重要方法，我們要有堅持不懈的韌勁，要有堅定不移的意志，真正以實際行動，一步一腳印去實施計畫，最終實現設定的目標和標準。

3.倉庫下一年度的工作目標

(1)倉儲管理作業流程達到標準化要求。

(2)庫容庫貌、現場管理符合 5S 標準。

(3)員工專業知識水準、崗位技能達到中崗位標準考核。每季組織進行一次測試。

(4)專注於時間管理。分揀、復核、出庫、配送時間控制在 30 分鐘以內。

(5)庫存資料的核算進入實施階段，完成基礎資料的收集、整理、匯總、上報，為企業經營提供必要的決策依據。

(6)將倉庫作業成本核算納入績效考核，進、銷、存系統中倉庫的工作量，要效率化。

(7)建立有效溝通、商務禮儀執行標準。公司整合後的關鍵就是溝通融會，要強化有效溝通意識，並且進行制度化，以滿足公司發展需要。

總結為了更好的計畫，謀定而後動，我們必須根據公司及倉庫的實際情況，制訂和實施相應的改進和創新計畫，跟蹤改進和

創新計畫的實施進展，驗證改進和創新計畫的效果，並將行之有效的改進和創新成果在公司各部門進行分享和推廣。

 案例　**倉庫管理的改善分析案例**

為改善倉庫管理，要編成特別組織，要廠長領頭，為運作順利，而召開會議。首先，調查倉庫管理上的現狀，把問題和課題作為待解決的題目選出來。決定下題目，決定分擔者，進行調查，並提出改善方案，把在會議上協議的結果通過職務分擔制度逐步進行。

1. 倉庫管理的現狀調查

(1)應其他部門的要求而進行的調查

倉庫管理改善因其他部門的投訴開始，從各部門提出的要求開始調查。其調查方法是多問，或當面聽取。即使認為是過分的事情，也可以把其作為要求事項來掌握，並將其作為將來的課題去解決。

(2)自己反省和挑戰

作為倉庫管理部門把難做的或高目標作為挑戰的目標。如：

①人手不足

②盤點誤差大

③業務集中在特定時間內做

④不能做到先入先出

⑤對劣化品的管理進行得不順

⑥想做好整理、整頓

⑦想縮短出庫時間

⑧為什麼電腦難以使用等等

2.調查結果的整理和對策的方向

(1)題目的例舉和優先順序

從前面所例舉的項目中，按緊急度、效果的大小、著手的容易度等方面來決定優先著手解決問題。

(2)決定分擔的題目

根據小組成員的職務和工作年數(經驗)來決定分擔的題目。

(3)致力於自己的工作現場能做的題目

①整理、整頓

②重新修正和改善盤點的系統(特別是對盤點時間的縮短)

③導入符合本公司內情的電腦系統

④對劣化品的管理

⑤可否導入自動倉庫

(4)明確要求其他部門的解決題目

①減少緊急出門庫的事情

②規定外部加工品的入庫時間(不要集中在月末或截止日)

③管理擔當以外者不得進入倉庫

④嚴格遵守資材退庫手續(無傳貨票，無記錄地帶貨入庫等)

⑤消耗工具類的出庫要和舊品交換

倉庫管理業務大多數人認為不能進行目標管理，他和製造、購買部門不同，業績能用數值來表示、評價，但是，使倉庫管理部門的業務內容數值化後，進行評價的項目也有很多。一般來說有工作，就一定有評價其業績的尺度。倉庫管理也不例外。

倉庫管理業務的評價請使用上面的一覽表。評價頻度一年進行一次，由當部門的課長進行評定。依據項目收集每月的資料，到年底統計起來。其評價的基準可用業界通用的指標，也可根據本公司

過去的傾向來設定基準。在每次評價後，都應召開有關人員的反省會。對有關不充分的、不具體的項目進行檢討、調查原因，以求進一步提高水準。

表 13-4-1　倉庫管理業務的評價表

評價項目	計算式	評價
1. 原材料週轉中(次數)	營業額/原材料的在庫量	
2. 加工品(半成品)週轉率(次數)	營業額/加工品(半成品)的在庫量	
3. 出庫缺貨率(%)	缺貨件數/出庫次數/1 年	
4. 盤點差異率(項目)(%)	有差異的項目數/全項目數	
5. 盤點的差異率(數量)(%)	差異數量(絕對值)合計/全部的庫存數量	
6. 盤點差異率(金額)(%)	差異數量(絕對值)合計/全部的庫存金額	
7. 盤點作業的時間(MH/點數)	盤點作業時間(MH)/全部庫存點數	
8. 整理、整頓的狀態(%)	定位率(%)	
9. 尋找庫存品的時間	尋找 20 件物品的合計時間/20	
10. 倉庫的維持費用(金額/人數)	倉庫維持費用/人數	
11. 承擔點數的效率(點數/人數)	庫存點數/人數	
12. 設備的故障率(故障次數/年)	倉庫用設備的故障次數/年	
13. 勞動災害率	度數率、強度率	

附 錄

管理倉庫的規章制度與案例

1 案例一：倉庫存貨過多引起的深思

　　財務經理陳斌把這張圖表推到總經理的面前，這張圖表顯示出三個月以來預算數字和實際支出之間居然有 120 萬元的差距。

　　總經理看了看陳斌，問道：「以前怎麼沒有人告訴過我呢？」

　　陳斌說：「你不是每個月都會收到採購中心和六個採購部門的報告嗎？」

　　總經理早已注意到了月報上的開支有所增加，當時他並不覺得增加的數額有多大，但現在呈現在他眼前的總額卻是個驚人的數字，有 120 萬元的差距。

　　總經理認為：「這一定是不遵守公司的政策，未能儘量減少存貨的結果。」他把助理叫了進來，口授了一段簡短的指示，要所有的採購經理暫時停止進貨，直到現有的存貨減少 10% 為止。

　　幾個鐘頭之後，製造經理何俊便從一位採購經理處得到了「減

少庫存」消息，他簡直不敢相信這是事實。何俊心有不甘的對一位採購人員說：「現在的原料供應這麼不穩定，我還特意多囤積一點存貨。」對方同意地頻頻領首，他也是為了這個原因增加訂貨的。

　　下午，製造經理何俊馬上設法見到了總經理，直截了當地說：「我們不能降低存貨數量，原料的來源很困難，把錢投資在存貨上絕對值得，我們必須有足夠的存貨，才能使生產線不致中斷。如果我們降低存貨量顧客的訂單就很可能無法如期交貨了。甚至還會損失不少訂單。存貨成本和生產停頓、無法交貨相比，又算得了甚麼呢？」

　　總經理卻說：「萬一我們破產了，那麼就算能繼續生產，對我們也沒有什麼好處呀！」並且把財務經理陳斌找來，以支持他的論點。

　　陳斌小心翼翼地解釋說：「公司沒有辦法保有這麼多存貨，何俊的觀點在銀行利率低的時候可能不錯，現在則不然。」他指出：「這不僅是存貨成本或是投資利潤的問題。公司為了籌集存貨的資金，已經多負了 100 萬的短期債款，利率是 15.5%。而且目前的倉儲設備也容納不了過多的存貨，必須擴張倉儲空間，每年要增加 10 萬元的開支。」

　　何俊反駁說：「你有沒有考慮過漲價的問題，如果我們現在不買原料，以後我們就得花更多錢，還買不到。」

　　兩人唇槍舌劍交戰了一陣子，突然何俊衝口說出了一句話：「你根本就是在找我的麻煩，我知道你想要把採購部門納入你的指揮。」

　　陳斌氣憤地回嘴說：「至少公司裏有人懂得囤積存貨對我們資

金的週轉有甚麼影響。」

事後，總經理仔細衡量了整個情勢，他發現有兩個很嚴重的問題。從短期來看，他必須決定是否取消或是修改減少 10%存貨的指示。或者他應該給何俊一個總目標，讓他自己酌情調整存貨量。不過，從何俊強烈主張增加存貨的態度看來，又擔心他到底會不會執行這個命令。這使得總經理產生了第二種想法，也許一勞永逸的方法就是把採購和存貨控制都交給財務經理去管理。

總經理也知道，由何俊負責指揮採購工作，製造作業比較順利、效率也很高。然而，公司的現金週轉不靈，利息又攀高不下，或許值得冒著生產延遲、人事糾葛的危險，如果指派一位真正瞭解存貨積壓問題的人來全權負責，當然這責任就落在財務經理陳斌的身上。

總經理應該如何處理這個嚴重的問題呢？

【參考答案】

製造經理何俊囤積存貨的理由很正當，他批評總經理的指示，認為停止採購會影響生產也很正確。

然而，製造經理何俊和其他採購主管顯然沒有仔細考慮過他們的決定會產生什麼後果。身為製造經理，何俊應該有知識、有能力並且有權力斟酌採購成本，以避免停工和漲價的風險，而總經理所打算採取的行動並不能夠達到這種效果。總經理想要把採購和存貨控制全都交給陳斌管理，這樣做等於是強調財務方面的力量，而又奢望使財務和製造雙方面得以平衡。

公司內部有許多問題值得尋思。為甚麼製造經理何俊有權超出預算，而且多支出巨額的費用？超額的費用是所有的採購主管累積的開銷嗎？答案可能是肯定的，那麼每位主管是否預先料到，他們

的行動可能產生這樣嚴重的結果呢？也許他們都沒有想到吧！

　　總經理現在需要的是一個良好的採購報告和控制系統。這樣可以從根本上杜絕任何問題的發生。會計體系的不完備也是值得討論的，主管收到財務報告時往往已是事過境遷，難以挽回了。

　　在問題發生之後，我們不得不檢討一下總經理的管理方式。他不先通知何俊，而直接對採購主管下命令，當然會引起反效果。何俊應該是第一個知道總經理的心事，結果他卻比任何人都晚得到消息。

　　總經理的指示至少反應出幾件事。別人運用他的資金的態度他並不同意，但是他未能及時獲知，以便阻止這一情勢。

　　為了使手下的人員能發揮他們的能力，並且彼此合作無間，總經理最好撤銷前令。這樣做雖然有些為難，但是卻有不少好處。

　　總經理應該召集製造經理以及各採購主管，為他們訂定明確的目標。這個目標可以是：在 90 天之內，減少存貨數量 10%。然而總經理不妨要求他們提出實際的計劃，以便他可以逐週予以檢查監督。

　　這樣即使不能迅速產生效果，總經理仍然可以逐漸使存貨量減低。製造經理也可以購買重要的原料，減少次要原料的存貨，便不致影響生產工作。至於多餘的存貨則可以採取其他方式處理，例如把不用的原料設法出售。

　　目前總經理最好仍然維持現行的組織結構，不妨指定一位後勤經理，專門向他提出報告。總經理似乎認為把採購和存貨控制納入製造部門的管轄是很重要的，可是有許多公司覺得這樣做還不夠完善。企業界已設立了新的部門來處理一切的後勤事宜：採購、存貨控制、生產規劃、運輸。負責上述職務的主管都要向後勤經理或是原料經理報告。

總經理在管理的第一步工作上便做得不夠理想。何俊的責任和權力應該有更清楚的界定，同時還必須訂定一個更好的報告系統，以便協助採購主管們作決策，避免發生財務危機。從長期來看，總經理也應該取得財務經理陳斌的合作，研究出一種計劃和報告方式，使得總經理能直接得到各項作業的數據。

總經理的問題真正解決之道還要靠他自己的體認，瞭解後勤補給工作和行銷、製造同樣重要。唯有明瞭這一點，才能爭取並且保留優秀的人才，使他們和諧相處。

2 案例二：汽車行業的減少庫存案例

A 公司是重型汽車行業的大型企業，公司始建於 1978 年，經過多年的發展，目前具有完整的產品設計、生產製造、檢測調試和監測系統，產品覆蓋軍用越野車、重型載貨車和客車三大類 50 多個品種。

一、A 公司現行的生產方式

A 公司現行的生產方式是由其生產任務決定，生產任務分為軍品和民品兩類產品，軍品嚴格按計劃生產，即上一年底制訂出下一年的年生產任務，下一年按計劃生產，每年的計劃通常數量變化不大，變化部份也就是軍品品種或數量的極小變動；民品分為按計劃生產和按訂單生產兩類。民品的計劃主要依靠計劃員按經驗憑直覺進行協調，制訂出各月的生產任務並投入生產。所謂的直覺是指根據前一個月的銷售狀況而估算的一個趨勢值。民品的訂單則是面向市場

的部份，這一部份在銷售公司與客戶簽訂的合約或談成意向後下達的生產任務。

二、A 公司現狀

1. 生產情況

A 公司現行的生產方式下，生產任務相對均衡，當沒有銷售指標時，工廠繼續進行生產以減輕生產任務集中時的壓力，這時工廠以生產一定數量的各類成品車和大量的半成品車(即二類車)為生產任務，這樣不會產生生產任務時松時緊，加班作業和休假輪換的情況，但也造成了庫存的增加以及資金的佔用。公司的成品車，包括二類車(即半成品車)的生產裝配完成後，買方在訂車合約中往往對某些大件，例如，生產廠家、出廠批次等因自己的喜好或習慣有一些特殊的要求。這常常使得已入庫的成品或半成品返回總裝線拆卸後進行重裝，這樣不但會使得工序增加，成本提高，而且也常常會因一些破壞性的拆除或磕碰而產生一些不必要的損失。

2. 庫存情況

A 公司的零件庫存按外購件和自產件分類存放，外購件是指由協作廠、合作廠採購來的零件，它存放於配套庫。在 A 公司，自產零件種類較多，但多為一些小件、通用件和技術難度不是太大的零件。絕大多數的大件均來自協作廠。採購件與自產件的比例大概為 7：3。

配套庫的分類按 A、B、C 分類進行，所謂 ABC 法，也就是零件的資金佔用量大小法，公司零件分類如下：

A. 甲類件(重要大件)單價≥10000 元

B. 乙類件(次要中件)1000 元≤單價＜10000 元

C. 丙類件(小件)單價＜1000 元

其中各種類的品種數量和資金佔用量如下表所示。

2007 年第一季各種類別的品種數量和資金佔用量

類別	品種數/種		佔總消耗金額的比例/%
A	148		39.03
B	439		34.97
C	2236		25.99

另外，在 2006 年的年終報表中，公司的工業總產值為 96267 萬元，銷售收入為 97639 萬元，資金總額為 168773 萬元，庫存資金佔用 23268 萬元，淨利潤 1455 萬元。其中庫存包括產成品車、半成品車、零配件庫存等存貨。

3.供應商情況

公司的協作廠和合作廠分佈在全國各地，東北、華東、華南、西南均已涉及。個別的合作廠分佈在公司週圍較近的區域。根據統計，在公司的總裝線上，有 60%為外購件，在內裝線有 75%以上零件為外購件。

4.品質情況

對公司 2007 年 1～4 月份延遲生產問題出現的頻率高低和輕重統計如下：A 類件共缺少 10 種 84 件；B 類件共缺少 14 種 176 件；C 類件共產生品質問題 31 件/次；裝配線出現問題 2 次。

這些問題的出現，常常導致公司每月都有一定數量的車未能按計劃下線和入庫，延遲公司產品的交貨時間。

【案例分析】

1.從案例的資訊來看，A 公司所生產的產品主要有兩類，一類為軍品，一類為民品。按照接受任務的方式和企業組織生產的特點，軍品嚴格按照計劃進行生產，每年的計劃通常數量變化不大，因此

軍品的生產方式為存貨型生產；而民品分為按計劃生產和按訂單生產兩類。按計劃生產與軍品生產幾乎區別不大，屬於存貨型生產，按訂單生產主要是面向市場，根據客戶的訂貨需求進行生產，屬於訂貨型生產，因此民品的生產方式為存貨型生產和訂貨型生產並行。

2. A 公司面臨的主要問題有以下一些。

⑴生產的盲目性比較大，生產成本比較高。A 公司現行的生產方式，顯然是存貨型生產佔據主要地位。當沒有銷售指標時，工廠繼續進行生產雖然減輕了生產任務集中時的壓力，但同時也帶來了客戶提出特殊要求時，產品已經生產完畢入庫，又不得不重新返回總裝線拆卸後進行重裝的麻煩，不但增加了工作量，而且提高了生產成本。另外，A 公司在做計劃和下達生產任務時，往往是根據上一月的銷售狀況決定的下一月生產任務。這樣，市場的不確定性給生產和銷售也帶來了更大的預測失誤。計劃的盲目性導致了生產的盲目性，同時也產生了一種車庫存太大，而另一種車庫存不足的失控現象。這種盲目性也抑制了 A 公司的發展。

⑵庫存問題嚴重，佔用大量資金。從公司 2006 年財務報表中分析，公司的工業總產值為 96267 萬元，銷售收入為 97639 萬元，資金總額為 168773 萬元，庫存資金佔用 23268 萬元，淨利潤 1455 萬元。可以計算得出公司庫存資金佔工業總產值的 24.17%，佔銷售收入的 23.83%，佔公司資金總額的 13.78%，是公司利潤的將近 16 倍。大量的庫存佔用了公司大部份的流動資金，嚴重制約了 A 公司的發展。

⑶協作廠和合作廠過於分散，阻礙了公司的發展。從 A 公司的協作廠和合作廠的分佈來看，大部份分佈在距離公司較遠的各地。在公司的總裝線上，有 60% 為外購件，在內裝線有 75% 以上零件為外

購件就是明顯的例子。這種現象導致了公司運輸費用或成本增加，同時，由於資訊傳遞和零件採購不便，也妨礙了小批量多品種進料，客觀上增加了零件庫存，會使得公司週轉資金匱乏，在很大程度上限制了企業的發展。

⑷產品的品質問題影響公司的交貨。從公司的問題和品質情況統計可以看出，在生產裝配過程中存在問題最嚴重的是缺 A 類零件，出現品質問題最多的是 C 類零件。缺件和配件本身的品質問題都會給公司的生產帶來潛在的品質問題，也會影響公司的生產計劃完成和交貨時間。

3.庫存量過大可能帶來以下問題：

⑴過量的庫存積壓，會佔用企業大量的資金，影響企業的資金週轉。

⑵如果企業的庫存時間過長，積壓品常常會因為企業技術的提高或設備的更新而淘汰，給企業帶來資金上的損失。

⑶庫存的長期積壓會因某些產品的生鏽、變質而使某些產品報廢，給企業造成大量浪費和損失。

⑷庫存量大，會加重企業存貨的管理和維護等工作，也會耗費企業大量的資金。

4.改善建議如下：

⑴減少生產的盲目性，降低生產成本。A 公司生產盲目性的根源，在於公司的生產計劃制訂存在一定的盲目性，不是以市場為中心，而是以自我為中心。因此，必須改變 A 公司的生產計劃制訂思路，把公司的生產方式由推動式生產變為拉動式生產，以市場需求為中心，以總裝和銷售為龍頭，實施生產組織和控制。這樣既可以減少計劃的盲目性，也可以減少因客戶提出要求後重新拆卸和重裝帶來

的損失，降低生產成本。

　　(2)降低庫存，節約資金和減少資金佔用。A 公司可以結合生產計劃的制訂和執行，結合客戶需求的實際情況，採用小批量多品種的生產方式，及時滿足客戶的需求，如果客戶暫時沒有需求，就只進行少量生產甚至是停止生產，儘量減少庫存積壓，為公司節約資金和減少資金佔用。

　　(3)對協作廠進行重新選擇，改善與協作廠的物流關係。可以考慮就近選擇合作廠、協作廠，特別是對 A 類零件的協作廠，對 C 類零件的協作廠可以允許稍遠一點。這樣，企業公司就可以把生產計劃提前 1～2 天通知主要協作廠，減少整批採購量，近距離及時運輸，減少運輸成本和管理成本。

　　(4)加強品質管制，縮短交貨期。公司應該加強產品的品質管制，尤其是屬於公司自產件的 C 類產品的品質管制，提高零配件和整車產品的品質，縮短交貨期，一方面可以提高公司的信譽，另一方面可以減少庫存，節約資金成本。

3 案例三：倉庫安全設施的不足

　　新上任的安全經理楊博走進工廠最大的倉庫時，「難怪這兒的安全記錄最差勁」，心裏一直在埋怨著。

　　這位新上任的安全經理，發現當地到處都是東倒西歪的房子，該村的失業率和犯罪率也非常高。許多年輕人就在倉庫旁邊的空地上兜圈子。透過倉庫週圍的鐵絲網可以清楚地看見工廠內銅線圈、

絕緣物、黃銅架、鋼架和其他設備。

董事長曾經警告過楊博，改善倉庫的安全問題，是他這項新工作最大的挑戰。

楊博大致巡視了一遍以後，就去和倉庫經理王健討論安全方面的問題。王健雖然是一位很能幹的經理，但是他似乎並不重視安全工作，認為公司對這方面的事有些小題大作，大多數的竊案是因為卡車停在鐵絲網外而發生的，他說：「司機們覺得這樣卸下小件貨物時比較方便。我告訴過他們好多次，這樣做是違反公司規定的，不管怎麼說，這是他們的責任。」

王健也承認晚上有人潛入倉庫，但是倉庫的存貨損失大約為8%，公司各個倉庫的平均損失數字是 6%。王健辯白道：「闖進來的多半是本地的小孩，他們這樣做只是為了逞英雄，或是找點消遣，他們常常把到手的貨物丟棄在鐵絲網外，而且很少把東西弄壞，我們只要把它們找回來就行了。」

楊博建議他改善倉庫的安全作業，首先，如果無人看守時，禁止把卡車停在倉庫外面。大門一定要鎖好，設備都要設法遮蓋起來，或是收藏到隱蔽的地方去。

接下去的幾個月，每次楊博到倉庫時，總會又聽說發生了闖入事件。他發現該倉庫並沒有太大的改變，不論是安全措施或是主管人的態度都還是老樣子。王健確實是做了一些事，他到處張貼安全標語，提醒員工注意規定，也僱了一些職員盤點原料的變動情形，不過王健認為，這些工作並沒有使損失減少，反而使得裝卸貨物比以前緩慢多了。

有一個週末晚上，王健躲在倉庫裏，抓住了一個偷絕緣物品的男孩‧對方掙扎的結果，使得兩個人都受了一點小傷。當時其他同

夥的孩子們在鐵絲網外大叫大嚷，又扔石頭，有一大群人糾集在一起，幸好在情況惡化前，員警先趕到了倉庫，事情也就平息下去了。

王健希望把這件案子提起上訴，但是董事長聽取了公共關係部的意見，認為最好不要提出控訴，以免激起公憤。王健因而更為激動，他氣憤憤地說：「是你們自己要我加強安全措施，現在我照著做了，你們又要撤銷前言。」他希望給這個嫌犯一點懲罰，以生嚇阻作用。

楊博認為，倉庫外面應該建一道比較堅固的圍牆，「讓他們看不到裏面的情形，然後讓一個負責安全工作的職員監視卡車在倉庫內卸貨，在圍牆內以狼犬來巡邏，也許效果要強一些。」楊博覺得有些原料處理設備應該放在倉庫內，一方面可以利用空間，另一方面在卸貨時也較方便。

王健不同意這些措施，他認為這樣做會增加成本，減少利潤。由於他可以分到倉庫利潤的 5%作為紅利，這樣一來他的收入自然也會受到影響。

董事長不希望再傷王健的心，畢竟他是位極能幹的倉庫經理。可是以後他會再接納任何新的安全措施嗎？從另一個角度來看，這些安全措施真有的必要嗎？楊博提出的方法在其他倉庫都獲得到了顯著的成效，而且他對這個最大的倉庫十分有信心。不過，如果他們的做法不能使倉庫的利潤提高，王健必然會不服氣。

董事長此時真是左右為難，到底該怎麼辦呢？

【參考答案】

倉庫 8%的存貨損失確實是對楊博最大的挑戰。

如果董事長期望楊博能改善安全作業，他就應該賦予他適當的權力，監督各倉庫裝設安全裝置。不過，這並不是說，一定要強迫

王健採用某些安全措施。

王健顯然願意並且已經著手改善安全情況，不幸的是他處理事情的手法並沒有收到太大的效果。他確實是一位能幹的經理，不過他不是安全專家，同時他自己對問題分析也很可能會導致錯誤的結論。這就是他的處置措施不當的緣故。

改善安全情況往往可以使利潤有所增加，在這個例子裏，楊博最主要的責任就是公共關係工作。他必須說服王健，改善安全情形是值得做的事，況且他個人的收入也會隨之增加。

楊博應該從王健最困擾的事——外人闖入倉庫著手。一旦這個問題得以解決，王健很快地就可以看到其效果，那麼其餘的安全措施就容易進行了。

雖然王健表示因外人潛入而造成的損失不大，但是這類事件仍然使他感到不安，以致親自採取行動設法減少這方面的損失。從該地區的失業和犯罪情形看來，倉庫實際的損失可能比王健所估計的要大。

在鐵絲網上裝設尖刺，或是改善照明設備都不需要花費太多的金錢。這些裝置再加上讓公司的卡車在倉庫內卸貨，應該可以大幅度地減少存貨損失，同時利潤很快就會增加。到時候王健應該會承認這些措施確實有效，並且同意裝設其他的安全裝置。

私自潛入的男孩被逮捕，可能就已經給了其他同夥的孩子們一些教訓。把這個孩子送法究辦也不會再發生多大的警戒作用，反而會使當地人產生反感。不過公司應該讓這個男孩瞭解，雖然公司不願意給予他任何懲處，但是如果他或者其他同夥再度非法竊取公司的財產，那麼公司別無選擇，只好正式控告他，讓他接受法律的制裁。略施警告之後，公司就應該撤回原先的控訴。

公司應該將禁止侵入的標示掛在鐵絲網上顯眼的地方。如果沒有適當的人來監視，那麼在倉庫空地上養狗是很不合適的。人和犬組成的警戒力量對某些安全工作而言是很有效的，但是狗處在一個新環境裏往往會逃脫，或是被當地的孩子們戲弄，以致造成傷害事件，使得當地居民感到不快。

所有的載貨車輛都應該在大門內裝卸貨物，而不應該把無人看守的車輛停在倉庫外面。倉庫在不使用時也應該切實鎖好。如果公司目前無法僱用守夜人，那麼至少也該和當地員警機關取得聯繫，請他們在夜間加強巡邏。

妥善地調配員工和利用空間都是倉庫經理的責任，而不是安全經理的管轄範圍。楊博不應該干涉原料處理和利用空間等事情。董事長已經注意到，其他倉庫採納楊博的建議後，情況都有所改善。無疑地，這些措施應用於該倉庫必然也會發生效用。此時應該督促當地的倉庫改善安全設施，一旦見到利潤情況好轉，王健自然會和公司合作，進一步地增設安全裝置。

企業的核心競爭力，就在這裡！

圖 書 出 版 目 錄

　　憲業企管顧問（集團）公司為企業界提供診斷、輔導、培訓等專項工作。下列圖書是由臺灣的憲業企管顧問（集團）公司所出版，自 1993 年秉持專業立場，特別注重實務應用，50 餘位顧問師為企業界提供最專業的經營管理類圖書。

　　選購企管書，敬請認明品牌：憲 業 企 管 公 司。

1.傳播書香社會，直接向本出版社購買，一律 9 折優惠，郵遞費用由本公司負擔。服務電話(02)27622241　(03)9310960　　傳真(03)9310961

2.付款方式：請將書款轉帳到我公司下列的銀行帳戶。

　‧銀行名稱：合作金庫銀行（敦南分行）　帳號：5034-717-347447
　公司名稱：憲業企管顧問有限公司

　‧郵局劃撥號碼：18410591　郵局劃撥戶名：憲業企管顧問公司

3.圖書出版資料每週隨時更新，請見網站 www.bookstore99.com

～～～～經營顧問叢書～～～～

25	王永慶的經營管理	360 元	135	成敗關鍵的談判技巧	360 元
52	堅持一定成功	360 元	137	生產部門、行銷部門績效考核手冊	360 元
56	對準目標	360 元	139	行銷機能診斷	360 元
60	寶潔品牌操作手冊	360 元	140	企業如何節流	360 元
78	財務經理手冊	360 元	141	責任	360 元
79	財務診斷技巧	360 元	142	企業接棒人	360 元
91	汽車販賣技巧大公開	360 元	144	企業的外包操作管理	360 元
97	企業收款管理	360 元	146	主管階層績效考核手冊	360 元
100	幹部決定執行力	360 元	147	六步打造績效考核體系	360 元
122	熱愛工作	360 元	148	六步打造培訓體系	360 元
129	邁克爾‧波特的戰略智慧	360 元	149	展覽會行銷技巧	360 元
130	如何制定企業經營戰略	360 元	150	企業流程管理技巧	360 元

152	向西點軍校學管理	360元	235	求職面試一定成功	360元
154	領導你的成功團隊	360元	236	客戶管理操作實務〈增訂二版〉	360元
163	只為成功找方法，不為失敗找藉口	360元	237	總經理如何領導成功團隊	360元
			238	總經理如何熟悉財務控制	360元
167	網路商店管理手冊	360元	239	總經理如何靈活調動資金	360元
168	生氣不如爭氣	360元	240	有趣的生活經濟學	360元
170	模仿就能成功	350元	241	業務員經營轄區市場（增訂二版）	360元
176	每天進步一點點	350元			
181	速度是贏利關鍵	360元	242	搜索引擎行銷	360元
183	如何識別人才	360元	243	如何推動利潤中心制度（增訂二版）	360元
184	找方法解決問題	360元			
185	不景氣時期，如何降低成本	360元	244	經營智慧	360元
186	營業管理疑難雜症與對策	360元	245	企業危機應對實戰技巧	360元
187	廠商掌握零售賣場的竅門	360元	246	行銷總監工作指引	360元
188	推銷之神傳世技巧	360元	247	行銷總監實戰案例	360元
189	企業經營案例解析	360元	248	企業戰略執行手冊	360元
191	豐田汽車管理模式	360元	249	大客戶搖錢樹	360元
192	企業執行力（技巧篇）	360元	252	營業管理實務（增訂二版）	360元
193	領導魅力	360元	253	銷售部門績效考核量化指標	360元
198	銷售說服技巧	360元	254	員工招聘操作手冊	360元
199	促銷工具疑難雜症與對策	360元	256	有效溝通技巧	360元
200	如何推動目標管理(第三版)	390元	258	如何處理員工離職問題	360元
201	網路行銷技巧	360元	259	提高工作效率	360元
204	客戶服務部工作流程	360元	261	員工招聘性向測試方法	360元
206	如何鞏固客戶（增訂二版）	360元	262	解決問題	360元
208	經濟大崩潰	360元	263	微利時代制勝法寶	360元
215	行銷計劃書的撰寫與執行	360元	264	如何拿到VC（風險投資）的錢	360元
216	內部控制實務與案例	360元			
217	透視財務分析內幕	360元	267	促銷管理實務〈增訂五版〉	360元
219	總經理如何管理公司	360元	268	顧客情報管理技巧	360元
222	確保新產品銷售成功	360元	269	如何改善企業組織績效〈增訂二版〉	360元
223	品牌成功關鍵步驟	360元			
224	客戶服務部門績效量化指標	360元	270	低調才是大智慧	360元
226	商業網站成功密碼	360元	272	主管必備的授權技巧	360元
228	經營分析	360元	275	主管如何激勵部屬	360元
229	產品經理手冊	360元	276	輕鬆擁有幽默口才	360元
230	診斷改善你的企業	360元	278	面試主考官工作實務	360元
232	電子郵件成功技巧	360元	279	總經理重點工作(增訂二版)	360元
234	銷售通路管理實務〈增訂二版〉	360元	282	如何提高市場佔有率（增訂二版）	360元

284	時間管理手冊	360元	323	財務主管工作手冊	420元
285	人事經理操作手冊（增訂二版）	360元	324	降低人力成本	420元
286	贏得競爭優勢的模仿戰略	360元	325	企業如何制度化	420元
287	電話推銷培訓教材（增訂三版）	360元	326	終端零售店管理手冊	420元
288	贏在細節管理（增訂二版）	360元	327	客戶管理應用技巧	420元
289	企業識別系統 CIS（增訂二版）	360元	328	如何撰寫商業計畫書（增訂二版）	420元
291	財務查帳技巧（增訂二版）	360元	329	利潤中心制度運作技巧	420元
293	業務員疑難雜症與對策（增訂二版）	360元	330	企業要注重現金流	420元
295	哈佛領導力課程	360元	331	經銷商管理實務	450元
296	如何診斷企業財務狀況	360元	332	內部控制規範手冊（增訂二版）	420元
297	營業部轄區管理規範工具書	360元	333	人力資源部流程規範化管理（增訂五版）	420元
298	售後服務手冊	360元	334	各部門年度計劃工作（增訂三版）	420元
299	業績倍增的銷售技巧	400元	335	人力資源部官司案件大公開	420元
300	行政部流程規範化管理（增訂二版）	400元	336	高效率的會議技巧	420元
302	行銷部流程規範化管理（增訂二版）	400元	337	企業經營計劃〈增訂三版〉	420元
304	生產部流程規範化管理（增訂二版）	400元	338	商業簡報技巧（增訂二版）	420元
305	績效考核手冊(增訂二版)	400元	339	企業診斷實務	450元
307	招聘作業規範手冊	420元	340	總務部門重點工作（增訂四版）	450元
308	喬‧吉拉德銷售智慧	400元	341	從招聘到離職	450元
309	商品鋪貨規範工具書	400元	342	職位說明書撰寫實務	450元
310	企業併購案例精華（增訂二版）	420元	343	財務部流程規範化管理（增訂三版）	450元
311	客戶抱怨手冊	400元	344	營業管理手冊	450元
314	客戶拒絕就是銷售成功的開始	400元	345	推銷技巧實務	450元
315	如何選人、育人、用人、留人、辭人	400元	346	部門主管的管理技巧	450元
316	危機管理案例精華	400元		《商店叢書》	
317	節約的都是利潤	400元	18	店員推銷技巧	360元
318	企業盈利模式	400元	30	特許連鎖業經營技巧	360元
319	應收帳款的管理與催收	420元	35	商店標準操作流程	360元
320	總經理手冊	420元	36	商店導購口才專業培訓	360元
321	新產品銷售一定成功	420元	37	速食店操作手冊〈增訂二版〉	360元
322	銷售獎勵辦法	420元	38	網路商店創業手冊〈增訂二版〉	360元
			40	商店診斷實務	360元
			41	店鋪商品管理手冊	360元
			42	店員操作手冊（增訂三版）	360元

44	店長如何提升業績〈增訂二版〉	360 元
45	向肯德基學習連鎖經營〈增訂二版〉	360 元
47	賣場如何經營會員制俱樂部	360 元
48	賣場銷量神奇交叉分析	360 元
49	商場促銷法寶	360 元
53	餐飲業工作規範	360 元
54	有效的店員銷售技巧	360 元
56	開一家穩賺不賠的網路商店	360 元
58	商鋪業績提升技巧	360 元
59	店員工作規範（增訂二版）	400 元
61	架設強大的連鎖總部	400 元
62	餐飲業經營技巧	400 元
64	賣場管理督導手冊	420 元
65	連鎖店督導師手冊（增訂二版）	420 元
67	店長數據化管理技巧	420 元
69	連鎖業商品開發與物流配送	420 元
70	連鎖業加盟招商與培訓作法	420 元
71	金牌店員內部培訓手冊	420 元
72	如何撰寫連鎖業營運手冊〈增訂三版〉	420 元
73	店長操作手冊（增訂七版）	420 元
74	連鎖企業如何取得投資公司注入資金	420 元
75	特許連鎖業加盟合約〈增訂二版〉	420 元
76	實體商店如何提昇業績	420 元
77	連鎖店操作手冊（增訂六版）	420 元
78	快速架設連鎖加盟帝國	450 元
79	連鎖業開店複製流程（增訂二版）	450 元
80	開店創業手冊〈增訂五版〉	450 元
81	餐飲業如何提昇業績	450 元

《工廠叢書》

15	工廠設備維護手冊	380 元
16	品管圈活動指南	380 元
17	品管圈推動實務	380 元
20	如何推動提案制度	380 元
24	六西格瑪管理手冊	380 元

30	生產績效診斷與評估	380 元
32	如何藉助 IE 提升業績	380 元
46	降低生產成本	380 元
47	物流配送績效管理	380 元
51	透視流程改善技巧	380 元
55	企業標準化的創建與推動	380 元
56	精細化生產管理	380 元
57	品質管制手法〈增訂二版〉	380 元
58	如何改善生產績效〈增訂二版〉	380 元
68	打造一流的生產作業廠區	380 元
70	如何控制不良品〈增訂二版〉	380 元
71	全面消除生產浪費	380 元
72	現場工程改善應用手冊	380 元
77	確保新產品開發成功（增訂四版）	380 元
79	6S 管理運作技巧	380 元
84	供應商管理手冊	380 元
85	採購管理工作細則〈增訂二版〉	380 元
88	豐田現場管理技巧	380 元
89	生產現場管理實戰案例〈增訂三版〉	380 元
92	生產主管操作手冊（增訂五版）	420 元
93	機器設備維護管理工具書	420 元
94	如何解決工廠問題	420 元
96	生產訂單運作方式與變更管理	420 元
97	商品管理流程控制（增訂四版）	420 元
102	生產主管工作技巧	420 元
103	工廠管理標準作業流程〈增訂三版〉	420 元
105	生產計劃的規劃與執行（增訂二版）	420 元
107	如何推動 5S 管理（增訂六版）	420 元
108	物料管理控制實務〈增訂三版〉	420 元
111	品管部操作規範	420 元
113	企業如何實施目視管理	420 元
114	如何診斷企業生產狀況	420 元

117	部門績效考核的量化管理（增訂八版）	450 元
118	採購管理實務〈增訂九版〉	450 元
119	售後服務規範工具書	450 元
120	生產管理改善案例	450 元
121	採購談判與議價技巧〈增訂五版〉	450 元
122	如何管理倉庫〈增訂十一版〉	450 元

《培訓叢書》

12	培訓師的演講技巧	360 元
15	戶外培訓活動實施技巧	360 元
21	培訓部門經理操作手冊（增訂三版）	360 元
23	培訓部門流程規範化管理	360 元
24	領導技巧培訓遊戲	360 元
26	提升服務品質培訓遊戲	360 元
27	執行能力培訓遊戲	360 元
28	企業如何培訓內部講師	360 元
31	激勵員工培訓遊戲	420 元
32	企業培訓活動的破冰遊戲（增訂二版）	420 元
33	解決問題能力培訓遊戲	420 元
34	情商管理培訓遊戲	420 元
36	銷售部門培訓遊戲綜合本	420 元
37	溝通能力培訓遊戲	420 元
38	如何建立內部培訓體系	420 元
39	團隊合作培訓遊戲(增訂四版)	420 元
40	培訓師手冊（增訂六版）	420 元
41	企業培訓遊戲大全(增訂五版)	450 元

《傳銷叢書》

4	傳銷致富	360 元
5	傳銷培訓課程	360 元
10	頂尖傳銷術	360 元
12	現在輪到你成功	350 元
13	鑽石傳銷商培訓手冊	350 元
14	傳銷皇帝的激勵技巧	360 元
15	傳銷皇帝的溝通技巧	360 元
19	傳銷分享會運作範例	360 元

20	傳銷成功技巧（增訂五版）	400 元
21	傳銷領袖（增訂二版）	400 元
22	傳銷話術	400 元
24	如何傳銷邀約（增訂二版）	450 元
25	傳銷精英	450 元

為方便讀者選購，本公司將一部分上述圖書又加以專門分類如下：

《主管叢書》

1	部門主管手冊（增訂五版）	360 元
2	總經理手冊	420 元
4	生產主管操作手冊（增訂五版）	420 元
5	店長操作手冊（增訂七版）	420 元
6	財務經理手冊	360 元
7	人事經理操作手冊	360 元
8	行銷總監工作指引	360 元
9	行銷總監實戰案例	360 元

《總經理叢書》

1	總經理如何管理公司	360 元
2	總經理如何領導成功團隊	360 元
3	總經理如何熟悉財務控制	360 元
4	總經理如何靈活調動資金	360 元
5	總經理手冊	420 元

《人事管理叢書》

1	人事經理操作手冊	360 元
2	從招聘到離職	450 元
3	員工招聘性向測試方法	360 元
5	總務部門重點工作（增訂四版）	450 元
6	如何識別人才	360 元
7	如何處理員工離職問題	360 元
8	人力資源部流程規範化管理（增訂五版）	420 元
9	面試主考官工作實務	360 元
10	主管如何激勵部屬	360 元
11	主管必備的授權技巧	360 元
12	部門主管手冊（增訂五版）	360 元

工廠叢書 ⑫

售價：450 元

如何管理倉庫（增訂 11 版）

西元二○二一年六月	增訂十版一刷
西元二○二二年五月	增訂十版二刷
西元二○二三年六月	增訂十一版一刷

編著：黃憲仁

策劃：麥可國際出版有限公司（新加坡）

編輯：蕭玲

校對：劉飛娟

發行人：黃憲仁

發行所：憲業企管顧問有限公司

電話：　（03）9310960　　0930872873

電子郵件聯絡信箱：huang2838@yahoo.com.tw

銀行 ATM 轉帳：合作金庫銀行　　帳號：5034-717-347447

郵政劃撥：18410591　　憲業企管顧問有限公司

江祖平律師顧問：紙品書、數位書著作權與版權均歸本公司所有

登記證：行政業新聞局版台業字第 6380 號

本公司徵求海外版權出版代理商　（0930872873）

本圖書是由憲業企管顧問（集團）公司所出版，以專業立場，為企業界提供最專業的各種經營管理類圖書。

圖書編號 ISBN：978-986-369-115-0